Beck-Wirtschaftsberater im dtv

Neu in der Führungsrolle

dtv

Beck-Wirtschaftsberater

Neu in der
Führungsrolle

So behaupten Sie sich und
setzen gezielt Akzente

Von Gunnar C. Kunz

Deutscher Taschenbuch Verlag

www.dtv.de
www.beck.de

Originalausgabe

Deutscher Taschenbuch Verlag GmbH & Co. KG,
Friedrichstraße 1a, 80801 München
© 2012. Redaktionelle Verantwortung: Verlag C.H. Beck oHG
Druck und Bindung: Druckerei C.H. Beck, Nördlingen
(Adresse der Druckerei: Wilhelmstraße 9, 80801 München)
Satz: ottomedien, Darmstadt
Umschlaggestaltung: Agentur 42, Bodenheim,
unter Verwendung eines Bildes von GettyImages
ISBN 978-3-423-50930-5 (dtv)
ISBN 978-3-406-63292-1 (C. H. Beck)

9 783406 632921

Vorwort

Die Leitfragen in diesem Buch lauten: Worauf ist zu achten, wenn Sie eine Führungsaufgabe als Teamleiter neu übernehmen? Welche Anforderungen kommen auf Sie in den ersten Monaten in der neuen Rolle zu? Wie sollten Sie sich verhalten, wenn Sie erstmals Mitarbeiter zu führen haben? Selbst wenn Sie derzeit keine – oder noch keine – Leitungsverantwortung tragen, kann es für Sie hilfreich sein, sich mit einer solchen Situation näher auseinanderzusetzen. Vielleicht führt Ihr weiterer beruflicher Weg Sie später in eine Position, in der Sie nicht nur nach Ihrer eigenen Leistung als Einzelner beurteilt werden, sondern vor allem für den Erfolg einer Gruppe von Mitarbeitern zu sorgen haben.

Ich gehe im folgenden davon aus, dass Sie seit geraumer Zeit in der betrieblichen Praxis stehen, über berufliche Erfahrung als Fachkraft verfügen und nun die „nächste Hürde" meistern wollen. Dabei nehme ich an, dass Sie erstmals Personalverantwortung übernommen haben und als Chef ein Team von Mitarbeitern in die richtige Richtung lenken wollen.

Dieses Buch wendet sich insofern weniger an „alte Hasen", die schon seit geraumer Zeit über Führungserfahrung verfügen. Angesprochen werden auch nicht Manager in höheren Entscheidungsfunktionen, die selbst wieder Führungskräfte führen oder eine strategische Leitungsrolle ausüben.

Grundlage meiner Ausführungen sind vor allem meine persönlichen Erfahrungen in der betrieblichen Personalentwicklung und meine Tätigkeit als Managementtrainer, Seminarleiter und Coach. Ich habe nicht den Anspruch, Ihnen sagen zu wollen: „Genau so wird es gemacht" oder „Nur dieser Führungsstil führt zum Erfolg". Ich werde Ihnen auch keine neuen Theorien vorstellen, die Ihnen nach einem bestimmten Führungsmodell aufzeigen, welche Techniken Sie einsetzen können, um Mitarbeiter taktisch zu beeinflussen oder gar zu manipulieren.

Mir geht es vor allem darum, Sie auf wesentliche Aspekte aufmerksam zu machen, die Sie in einer Führungsaufgabe beachten sollten, um die Ihnen gestellten Aufgaben souveräner zu meistern. Dazu gebe ich Ihnen Hinweise, wie Sie sich in der einen oder anderen „brenzligen" Situation verhalten können, um keinen Schiffbruch zu erleiden. Ausgangspunkt ist ein Verständnis von verantwortlicher Führung, das auf Fairness, partnerschaftlichem Umgang und dem Aufbau von Vertrauen fußt.

Gerade dann, wenn Sie eine Führungsaufgabe neu übernehmen, können Sie in das eine oder andere Fettnäpfchen tappen – entweder aufgrund von Unkenntnis, fehlender Erfahrung oder unbedachtem Handeln. Ich möchte Ihnen gerne als gedanklicher Begleiter auf dieser Ihnen noch unvertrauten Wegstrecke zur Seite stehen, damit Sie auch in schwierigem Fahrwasser Kurs halten können.

Vieles von dem, was Sie als Mitarbeiter erfolgreich gemacht hat, steht Ihnen in der Führungsaufgabe womöglich sogar im Wege: Denn jetzt kommt es darauf an, dass Sie eine Gruppe von Menschen zum Erfolg führen. Ihre fachliche Kompetenz hilft Ihnen in dieser exponierten Rolle nur noch bedingt weiter. Stattdessen sind Ihre Sozial- und Führungskompetenz gefragt, Ihr besonderes Gespür im zwischenmenschlichen Umgang, ein ausgeprägtes Bewusstsein für übergeordnete Ziele und Ihre Sensibilität für die Belange Ihrer Mitarbeiter.

Die Übernahme der ersten Leitungsrolle erfordert von Ihnen eine innere Neuorientierung und ein gedankliches Umschalten. Sie werden nun daran gemessen, wie gut es Ihnen gelingt, Ihre Mitarbeiter zu motivieren und die Ihnen gesetzten Ziele gemeinsam mit Ihrem Team zu erreichen. Es bleibt Ihnen nichts anderes übrig, als vieles von dem, was Sie in der Vergangenheit vorangebracht hat, über Bord zu werfen. Führen will gelernt sein und erfordert von Ihnen die Bereitschaft, noch einmal von vorne anzufangen. Sie werden dabei den einen oder anderen Fehler nicht vermeiden können.

Ich hoffe, dass ich Ihnen nützliche Tipps geben kann, damit Sie besser vorbereitet sind, um so manche unvermeidbare Klippe zu umschiffen. Gute und effektive Führung lernen Sie am besten in der beruflichen Praxis durch eine angemessene Qualifizierung, das Sammeln von ersten Erfahrungen und gezieltes Feedback. Die Lektüre eines Buches leistet hierzu allenfalls einen kleinen Beitrag. Dennoch kann Sie die gedankliche Auseinandersetzung mit unterschiedlichen Führungssituationen durch eine Art „Mentaltraining" in die Lage versetzen, Ihre persönliche Fitness als Teamleiter zu steigern und sich auf das Wesentliche zu konzentrieren.

Ginsheim-Gustavsburg, im März 2012   *Gunnar Kunz*

Inhaltsübersicht

Inhaltsverzeichnis

1. Kapitel

Überprüfen Sie Ihr Führungsverständnis

Wenn Sie ein Team von Mitarbeitern führen, stellt sich die Frage, nach welchen Grundsätzen, Prinzipien und Wertevorstellungen Sie vorgehen möchten. Vielleicht gibt es in Ihrem Unternehmen ein Rahmenverständnis für Führung und Zusammenarbeit, an dem Sie sich orientieren können. Häufig ist in Führungsleitlinien dargestellt, was von einer Führungskraft erwartet wird, wie ein Teamleiter sich in einzelnen Führungssituationen verhalten sollte und nach welchen Maßstäben er sein Handeln zu gestalten hat. Dies kann für Sie ein erster Anhaltspunkt sein, um Ihren Führungsstil auf die jeweiligen Anforderungen in Ihrer Organisation auszurichten.

Meist sind übergreifende Führungsleitlinien jedoch recht allgemein gehalten, so dass Sie nicht für jeden Einzelfall praktische Verhaltensmöglichkeiten aufzeigen. Außerdem sind nicht in jedem Unternehmen solche Leitvorstellungen vorhanden. Insofern kommen Sie nicht umhin, sich Ihre eigenen Gedanken zu machen, worauf es bei guter Führung ankommt.

Es gibt eine Reihe von Führungsstilen, die in unterschiedlichen Situationen zum Erfolg führen können. Ich bin der Auffassung, dass es nicht nur „einen" optimalen Führungsstil gibt, sondern eher eine Bandbreite von Verhaltenskompetenzen, die eine gute Führungskraft auszeichnen. Erfahrene Leitungskräfte sind in der Lage, sich auf die jeweiligen Ziele, die spezifischen Umstände und vor allem die Voraussetzungen ihrer Mitarbeiter flexibel einzustellen.

Denken Sie beispielsweise an die besonderen Führungsanforderungen, die sich beim Umgang mit einem versierten Praktiker stellen. Vergleichen Sie diese damit, einen neuen, jüngeren Mitarbeiters, der erst seit einigen Wochen im Unternehmen tätig ist, in das Team zu integrieren: Während ein Routinier sich anhand von vereinbarten Zielen oder abgesteckten Aufgabenschwerpunkten weitgehend selbst steuern kann, sieht dies bei einem Newcomer ganz anders aus. Er braucht viel mehr Anleitung und Hilfestellung. Streben Sie deshalb an, bei Neulingen eher direkter zu führen, dass heißt: Gewähren Sie unmittelbare Unterstützung, begleiten Sie aktiv bei der Aufgabenerledigung, geben Sie einfühlsam Feedback und kümmern Sie sich um die zeitnahe Erfolgskontrolle.

Schon dieses grundlegende Beispiel zeigt: Gute Führung erfolgt nicht einheitlich nach „Schema F". Ein allgemeines Führungscredo, das ohne Rücksicht auf die jeweiligen Mitarbeiter und deren Voraussetzungen nach starren Prinzipien ausgerichtet wird, greift zu kurz. Stattdessen sind eine hohe Flexibilität, Menschenkenntnis und situative Führung gefragt.

1.1 Was verstehen Sie unter Führung?

Wenn Sie kompetent führen wollen, ist es unabdingbar, dass Sie sich mit der Verschiedenartigkeit der Menschen und deren Naturell auseinandersetzen, um im Einzelfall einen geeigneten Weg zu finden. Machen Sie sich auch über die vielfältigen Situationen Gedanken, in denen jeweils verantwortungsvolle Führung in einer komplexen Organisation gefragt ist.

Einige Grundmerkmale eines guten Führungsstils lassen sich herausarbeiten, wenn Sie von einem modernen, positiven Menschenbild als Grundlage Ihres Führungsverständnisses ausgehen:

(1) Die meisten Mitarbeiter wollen in ihrer Einzigartigkeit respektiert werden. Ihr Führungsstil sollte folglich dadurch geprägt sein, dass Sie wertschätzend und ohne Vorbehalte auf den ein-

zelnen zugehen. Dazu gehört, sich um die Mitarbeiterzufriedenheit zu kümmern und besonderes Engagement und gezeigte Leistung zu würdigen.

(2) Wenn Sie Mitarbeiter motivieren möchten, setzen Sie am besten dort an, wo Stärken, Potenziale und individuelle Bedürfnisse besonders ausgeprägt sind. Orientieren Sie sich dementsprechend über die Kompetenzen und Interessen Ihrer Mitarbeiter, um zu erkennen, wer unter welchen Umständen überhaupt gute Leistungen erbringen kann.

(3) Viele Mitarbeiter wollen von sich aus bereits Leistung zeigen und ihre Fähigkeiten aktiv in ihrem Job einbringen. Daraus folgt, dass Sie die vorhandene Eigenmotivation und den spontanen Einsatz eines Mitarbeiters nicht durch ein Zuviel an Reglementierung, starre Anweisungen oder ständige Kontrollen zerstören sollten.

(4) Zweifellos lässt sich nicht jeder Mitarbeiter unmittelbar für bestimmte Aufgaben gewinnen. Gehen Sie auf den einzelnen Mitarbeiter zu, wenn Sie Motivationsblockaden feststellen. Arbeiten Sie durch vertrauensstiftende Gespräche heraus, wie Sie ihn unterstützen, fördern oder beraten können. Nehmen Sie Vorbehalte ernst und kümmern Sie sich darum, dass der Betreffende sich mit den gestellten Aufgaben identifiziert. Leisten Sie einfühlsam Überzeugungsarbeit und verzichten Sie auf Zwang und einseitige, autoritär geprägte Vorgaben. Dies schließt nicht aus, dass Sie gelegentlich eine Anweisung aussprechen und eine Aufgabe auch dann zu erledigen ist, wenn sie als „lästige Pflicht" erlebt wird. Setzen Sie jedoch besser auf Verständnis und Einsicht statt auf rigiden Druck von oben.

(5) Leistung wird in modernen Unternehmen hauptsächlich im Team erbracht. Für Einzelkämpfertum und gegenseitige Abschottung ist in einer produktiven Arbeitsgruppe wenig Platz. Stattdessen sind offene Kommunikation, interdisziplinäre Kooperation und eine vertrauensvolle Dialog- und Feedbackkultur gefordert. Verstehen Sie Ihre Rolle als Führungskraft deshalb als „Teamentwickler". Damit ist gemeint, dass Sie Rahmenbedin-

gungen für Eigenverantwortung, Selbststeuerung und eine effektive kollegiale Zusammenarbeit schaffen. Sorgen Sie dafür, dass jeder Einzelne gemäß seinen besonderen Stärken und Fähigkeiten in der Gruppe dazu beitragen kann, optimale Ergebnisse herbeizuführen.

(6) Führung wird in Firmen letztlich am erzielten Erfolg gemessen: Sie tragen Verantwortung dafür, gemeinsam mit Ihren Mitarbeitern erwünschte Ergebnisse herbeizuführen. Dementsprechend werden Sie als Führungskraft danach beurteilt, wie gut es Ihnen gelingt, auf wirtschaftliches Handeln, Qualität, Effizienz und Kundenorientierung hinzuwirken. Aber nicht nur auf das „Was" – d. h. den erzielten Output –, sondern auch auf das „Wie" – d. h. Ihr Verhalten und Ihren Führungsstil –, kommt es an: Verstehen Sie sich als Coach, Mentor und Personalentwickler für Ihre Mitarbeiter. Setzen Sie darauf, dass Leistung dort entsteht, wo der einzelne im Team richtig eingesetzt ist, sich anerkannt fühlt und in seiner Eigenart gewürdigt wird. Kehren Sie nicht alle über einen Kamm. Machen Sie sich bewusst, dass Spitzenleistungen in einem Team gemeinschaftlich durch gutes „Mannschaftsspiel" erbracht werden.

Empfehlung zur vertieften gedanklichen Auseinandersetzung (Eigenreflexion):

Arbeiten Sie für sich heraus, was gute Führung für Sie persönlich bedeutet.

Beachten Sie dabei Führungsanforderungen, die sich aus Ihren Zielen und Aufträgen, aus den besonderen Umfeldbedingungen in Ihrem Unternehmen und aus den jeweiligen Mitarbeitervoraussetzungen in Ihrem Team ergeben.

Werden Sie sich darüber bewusst, worauf es Ihnen in Ihrem Führungsverständnis vor allem ankommt. Reflektieren Sie, was Ihnen im Umgang mit Ihrem Team wichtig ist, damit Sie sich in der Führungsrolle nicht persönlich „verbiegen" müssen.

1.2 Was wollen Sie als Führungskraft in den ersten Wochen erreichen?

Zu Beginn der Tätigkeit in Ihrer neuen Rolle kommt es vor allem darauf an, dass Sie das Vertrauen Ihrer Mitarbeiter gewinnen. Wenn Sie von Ihrem Team als Leiter akzeptiert werden, trägt dies entscheidend dazu bei, Ihre eigene Position zu festigen. Insofern lohnt es sich für Sie, in den ersten Wochen ausführliche Einzel- und Teamgespräche zu führen, um Ihre Ziele und Ihren Auftrag zu erläutern. Zugleich können Sie sich dabei einen Überblick über die Aufgabenschwerpunkte der Einzelnen verschaffen und individuelle Erwartungen klären.

Richten Sie am besten Ihre Führungsarbeit von Anfang an darauf aus, zu Ihren Mitarbeitern auf der zwischenmenschlichen Ebene Nähe und Kontakt herzustellen. Dies ist eine gute Voraussetzung dafür, dass Sie künftig konstruktiv und vertrauensvoll zusammenarbeiten können. Hören Sie in persönlichen Gesprächen vor allem zu und nehmen Sie individuelle Sichtweisen zu den Arbeitsinhalten auf. Erfragen Sie Einschätzungen zu einzelnen Aufgabenschwerpunkten und streben Sie an, die Erwartungen und Bedürfnisse ihrer Mitarbeiter zu verstehen.

Nehmen Sie sich die Zeit, um nicht nur über fachliche Fragen zu sprechen. Hinterfragen Sie die Zufriedenheit Ihrer Mitarbeiter mit den einzelnen Tätigkeitsmerkmalen und den Arbeitsbedingungen insgesamt. Dadurch erfahren Sie auch viel über den Einzelnen und dessen Einstellungen zu seinem Jobumfeld, über individuelle Wünsche zu künftigen Veränderungen oder über die Situation im Team. Dazu gehört, sich für das Wohlbefinden, die innere Ausgeglichenheit und die allgemeine Lebenssituation Ihrer Teammitglieder („Work-Life-Balance") zu interessieren, ohne jedoch die Privatsphäre „auszuforschen".

Warten Sie eher ab, ob Ihnen Ihre Mitarbeiter von sich aus beispielsweise über außerberufliche Aktivitäten, das familiäre Umfeld oder besondere Hobbys berichten. Bieten Sie sich als Gesprächspartner für persönliche Fragen auch außerhalb des unmittelbaren Arbeitsbereiches an. Wesentlich ist, dass Sie Ihren Blick nicht nur auf das fachliche Können und die gezeigte Leistung am Arbeitsplatz richten, sondern sich für den „ganzen Menschen" aufgeschlossen zeigen.

Das Berufs- und das Privatleben sind eng vernetzt. Persönliche Probleme, familiäre Belastungen oder die Bewältigung kritischer Lebensereignisse können als Stressfaktoren erhebliche Auswirkungen auf das Leistungsvermögen haben. Insofern endet Ihre Führungsverantwortung nicht bei der Erörterung der Belange am Arbeitsplatz – etwa wenn Sie Anhaltspunkte dafür haben, dass ein Mitarbeiter unter seinem üblichen Leistungsniveau bleibt.

In der Startphase Ihrer Tätigkeit als Teamleiter spielt auch eine große Rolle, dass Sie sich mit Ihrem eigenen Vorgesetzten intensiv austauschen. Dadurch können Sie besser herausarbeiten, was von Ihnen erwartet wird und welche Ziele Sie mit Ihrem eigenen Team zu verfolgen haben. Dies erleichtert es Ihnen zugleich, Stellung gegenüber Ihrem Team zu beziehen, wenn Sie gefragt werden, welchen Kurs Sie künftig einschlagen möchten. Seien Sie jedoch vorsichtig mit vorschnellen Festlegungen zu einer womöglich veränderten Marschrichtung gegenüber der Vergangenheit. Es ist besser, Sie verschaffen sich in den ersten Wochen einen gründlichen Überblick, bevor sie neue Wege gehen.

Eine Gefahr besteht darin, dass Sie überhastet Ankündigungen machen, was „künftig alles anders werden soll". Greifen Sie auch nicht gleich zu Beginn geäußerte Vorschläge zu anscheinend plausiblen Veränderungen auf, ohne überhaupt einen hinreichenden Einblick in die Arbeitsbedingungen und Abläufe in Ihrem Zuständigkeitsbereich zu haben. Halten Sie sich am Anfang bedeckt – gerade dann, wenn Sie von außen als neuer Teamleiter hinzustoßen und mit den Mitgliedern Ihres Teams noch nicht vertraut sind.

Es kann gut sein, dass Sie nach wenigen Wochen einen ganz anderen Eindruck gewinnen und dann bereuen, dass Sie schon in den ersten Tagen Äußerungen getätigt haben, die Sie nicht mehr ohne Weiteres zurücknehmen können. Machen Sie sich in Ruhe ein Bild von der

Lage. Lernen Sie zunächst die Einzelnen im Team näher kennen. Stecken Sie die Rahmenbedingungen Ihre Aufgabe mit Ihrem eigenen Vorgesetzten ab. Ein überzogener Aktionismus bringt Ihnen wenig. Bremsen Sie Ihren Enthusiasmus, womöglich gleich vieles umstellen zu wollen.

Sofern kein dringender Handlungsbedarf besteht, können Sie sich durchaus etwas Zeit mit geplanten Kurskorrekturen lassen, da das Risiko von Fehlentscheidungen gerade in der Anfangsphase besonders hoch ist. Sie benötigen selbst eine gewisse „Anlaufzeit", um auf der menschlich-persönlichen Ebene mit jedem Mitarbeiter warm zu werden und die Abläufe und Strukturen in Ihrem Verantwortungsbereiche genau zu durchschauen. Insofern tun Sie gut daran, Ihre Entscheidungen sorgfältig vorzubereiten und sich vor unbedachten Schnellschüssen zu schützen. Einmal verspieltes Vertrauen durch unüberlegtes oder widersprüchliches Handeln als Teamleiter ist meist schwer wieder aufzubauen.

> **Wichtig:**
>
> Führen Sie in den ersten Wochen vertrauliche Einzelgespräche mit Ihren Mitarbeitern. Klären Sie jeweils, was aus Sicht Ihrer Teammitglieder derzeit gut oder weniger gut läuft. Nehmen Sie Wünsche und Erwartungen Ihrer Mitarbeiter auf.
>
> Artikulieren Sie eigene Ziele und Erwartungen, sofern Sie diese tatsächlich schon zu Beginn klar zum Ausdruck bringen können. Lehnen Sie sich mit einzelnen Äußerungen nicht zu weit aus dem Fenster. Sorgen Sie dafür, dass Sie hierbei Rückhalt bei Ihren eigenen Vorgesetzten haben.
>
> Verschaffen Sie sich zunächst einen Überblick über die individuellen Aufgabenschwerpunkte, die Arbeitsabläufe und die Situation im Team. Zeigen Sie Interesse an jedem Einzelnen und stellen Sie vor allem Nähe und Kontakt her. Vermeiden Sie vorschnelle Bewertungen, unbedachte Ankündigungen oder voreilige Entscheidungen. die Sie später unter Umständen revidieren müssen.
>
> Nehmen Sie sich Zeit für ausführliche Mitarbeitergespräche, die nicht nur auf Fachfragen ausgerichtet sind. Streben Sie an, Ihre Teammitglieder persönlich näher kennenzulernen und zugleich zu jedem Einzelnen ein angenehmes zwischenmenschliches Ver-

hältnis zu entwickeln. Bauen Sie als Führungskraft zunächst Vertrauen auf.

Orientieren Sie sich sorgfältig über Ihre eigenen Arbeitsbedingungen.

1.3 Wie interpretieren Sie Ihre Rolle und Ihre eigenes Aufgabenfeld in der Startphase?

In der Funktion des Teamleiters werden Sie mit hoher Wahrscheinlichkeit weiterhin operativ tätig sein, d. h. nicht nur Führungsaufgaben wahrnehmen, sondern auch fachlich engagiert im Tagesgeschäft mitwirken. Wie hoch der Anteil der Führungsaufgaben in Relation zu Ihren Fachaufgaben jeweils ausfällt, kann im Einzelfall sehr unterschiedlich sein. Entscheidend ist jedoch, dass Sie tatsächlich auch führen! Damit ist gemeint, dass Sie die erforderlichen Leitungsaufgaben wahrnehmen und sich nicht auf die Rolle des „obersten Sachbearbeiters" zurückziehen. Erfahrene Teamleiter berichten mir in Seminaren, dass Sie ca. 5 % – 20 % ihrer Arbeitszeit auf die Mitarbeiterführung im engeren Sinne verwenden. Dies erscheint vergleichsweise wenig, ist aber wahrscheinlich in der Praxis durchaus realistisch, da vielfältige andere Verpflichtungen auf einen Teamleiter im Tagesgeschäft zukommen. Es kommt letztlich nicht auf die Quantität des Zeitbudgets an sich an, sondern auf die erzielte Qualität und Effektivität der Mitarbeiterführung.

Eine Gefahr besteht darin, dass Sie als neuer Teamleiter dort weitermachen, wo Sie als „guter Fachmann" oder als „gute Fachfrau" aufgehört haben – nämlich sich durch Ihre fachliche Kompetenz zu profilieren. In der Führungsrolle kommt es für Sie aber stärker darauf an, dass Sie Orientierung vermitteln, Ziele vereinbaren, Aufgabenschwerpunkte definieren, Rückmeldungen geben und beratend zur Seite stehen, wenn Mitarbeiter Besprechungsbedarf haben. Ich empfehle Ihnen deshalb, gerade in der Startphase mehr als nur zwanzig Prozent Ihrer Arbeitszeit für Ihre Führungsaufgaben einzusetzen. Übertragen Sie bewusst soweit wie möglich Fachaufgaben an Ihr Team. Halten Sie sich den Rücken beispielsweise für Mitarbeitergespräche frei.

Beschäftigen Sie sich gründlich mit der Frage, wie Sie den Auftrag und die Ziele Ihres Teams verstehen, wer im Team welche Stärken und Potenziale besitzt und wie Sie Ihre Mitarbeiter dafür gewinnen können, gemeinschaftlich an der Umsetzung der anstehenden Aufgaben mitzuwirken. Dazu gehört gerade auch, einzelne Teammitglieder gemäß Ihren besonderen Fähigkeiten einzusetzen und nicht selbst die „Feuerwehr" zu spielen, wenn Not am Mann ist.

Wahrscheinlich benötigen Sie dazu eine gewisse Anlaufphase und einen inneren Lernprozess, da Sie nicht ohne weiteres von heute auf morgen Ihre Vergangenheit ablegen können. Wenn Sie noch nie ein Team geführt haben, werden Sie in diese Rolle erst langsam hineinwachsen. Machen Sie nicht den Fehler, durch unnötige Vorgaben, kleinliche Anweisungen oder überzogene Kontrollen den Handlungs- und Gestaltungsspielraum Ihrer Mitarbeiter einzuschränken. Setzen Sie von Ihrer Grundeinstellung eher darauf, dass jeder weiß, was er zu tun hat – und dass jeder bemüht ist, gemäß seinen fachlichen Kompetenzen sein Bestes zu geben. Ich will darauf hinaus, dass Sie Vertrauen aufbauen, Ihre Mitarbeiter nicht bevormunden und auf die Leistungsfähigkeit und Loyalität jedes Einzelnen setzen. Vermeiden Sie es, gleich anzusprechen, was Ihnen nicht zusagt, selbst wenn Sie deutliche Anhaltspunkte dafür finden, dass Optimierungsmöglichkeiten bestehen.

In der Startphase Ihrer Teamleitung profitieren Sie davon, Souveränität zu entwickeln, eigenes Standing zu beweisen und vorrangig Akzeptanz aufzubauen. Wenn Sie damit beginnen, herumzunörgeln, alles umstellen zu wollen oder vorrangig Kritikgespräche führen, werden Sie schnell Widerstände spüren. Ihre Mitarbeiter reagieren dann wahrscheinlich mit „Reaktanz": Einzelne fühlen sich angegriffen, nehmen Sie plötzlich als Gegenspieler wahr und solidarisieren sich womöglich im Team gegen Sie. Was Sie vielleicht „gut gemeint" haben, kommt bei den anderen negativ an. Sie erreichen dadurch das Gegenteil von dem, was Sie eigentlich angestrebt haben. Statt dass es Ihnen gelingt, „alte Zöpfe abzuschneiden" und konstruktive Verbesserungen einzuführen, werden Sie als Eindringling wahrgenommen, der sich überall einmischt und die Freiheiten der Einzelnen beschneiden will.

Deshalb ist äußerste Vorsicht bei kritischen Kommentaren angebracht, wenn es dafür nicht zwingende Gründe gibt. Unter Umständen werden Sie nicht umhin kommen, im Einzelfall in den ersten Wochen ein Kritikgespräch zu führen – etwa wenn bei einem Mitarbeiter die Leistung nicht stimmt oder die Einsatzbereitschaft zu wünschen übrig lässt. Nur sollten Sie gerade am Anfang nicht „poltern" oder wie der Elefant im Porzellan-Laden auftreten. Bestimmt haben Sie viele Ideen, was besser als in der Vergangenheit gemacht werden kann – oder haben sogar schon ein Briefing von Ihrem eigenen Vorgesetzten erhalten, was künftig alles umgestellt werden soll.

Es ist jedoch besser, wenn Sie sich Zurückhaltung auferlegen und zunächst versuchen, jeden Einzelnen in Ihrem Team näher kennenzulernen und zu verstehen. Nach einigen Wochen haben Sie ein ganz anderes Bild der Lage und können dann gezielter und mit guten Begründungen vorsichtig versuchen, erste Umstellungen einzuleiten. Wenn ein gewisses wechselseitiges Grundvertrauen besteht, werden Ihre Initiativen viel eher Gehör finden und tatsächlich aufgegriffen. Ihnen erscheinen die Dinge wahrscheinlich in einem ganz anderen Licht, wenn Sie zunächst zurückhaltend beobachtet und sich eine fundierte Meinung gebildet haben. Nehmen Sie sich dafür die erforderliche Zeit.

Setzen Sie am Anfang Ihre Akzente eher in einfühlsamen und gut strukturierten Mitarbeitergesprächen. Bereiten Sie Abteilungs- und Arbeitsbesprechungen sorgfältig vor. Orientieren Sie sich über den fachlichen Aufgabenhorizont Ihrer Mitarbeiter. Prüfen Sie, in welchen Bereichen die Zusammenarbeit im Team gut oder weniger gut klappt. Analysieren Sie die Kommunikationsstrukturen in Ihrer Abteilung. Klären Sie die Anforderungen Ihrer Kunden und die Erwartungen der angrenzenden Bereiche und Prozessstufen. Finden Sie heraus, inwiefern es Reibungsverluste an Schnittstellen gibt und welche Abläufe aus Ihrer Sicht nicht optimal gestaltet sind.

Richten Sie den Blick auf eine genaue Diagnose des Leistungszustandes Ihrer Abteilung gemäß den gestellten Anforderungen im

Wertschöpfungsprozess. Widmen Sie sich einer vertieften „Klimaanalyse" in Ihrem Team: Wo drückt der Schuh? Was könnte besser gemacht werden? Wo läuft etwas nicht nach Plan? Wie können die Kommunikationsstrukturen im Team weiterentwickelt werden? Welche Konfliktfelder sind zu bearbeiten? Was kann getan werden, um den Teamauftrag künftig besser zu erfüllen?

Versuchen Sie, Ihre Einschätzungen nach und nach durch neue Erkenntnisse im Laufe der Wochen zu bestätigen, damit Sie später die richtigen Schritte einleiten. Wichtig ist, dass Ihre geplanten Maßnahmen zu sinnvollen Verbesserungen Hand und Fuß haben. Achten Sie darauf, dass Ihre Entscheidungen nicht aus der Hüfte geschossen kommen. Man wird Ihnen am Anfang vielleicht das eine oder andere Fehlurteil noch verzeihen. Besser ist es allerdings, wenn Sie mit einer fundierten Sachkenntnis und mit Augenmaß und Bedacht zweckmäßige Umstellungen einleiten.

Wichtig:

Denken Sie darüber nach, was von Ihnen als neuer Teamleiter erwartet wird. Machen Sie sich ein detailliertes Bild Ihrer Abteilung. Begegnen Sie Ihren Mitarbeitern mit Wertschätzung und Sympathie. Vermeiden Sie Schnellschüsse, restriktive Vorgaben und unüberlegte Äußerungen, die von Einzelnen als Kritik wahrgenommen werden könnten. Dazu gehört, auch nicht negativ über Ihren Vorgänger oder die Entwicklungen der Vergangenheit zu sprechen.

Halten Sie sich zurück mit spontanen Aussagen zu nötigen Veränderungen, wenn Sie selbst noch keine hinreichenden Kenntnisse über die Strukturen und Abläufe in Ihrem Verantwortungsbereich haben.

Vermeiden Sie voreilige Entscheidungen zu künftigen Weichenstellungen, die Sie Ihrem Team zu Beginn nicht plausibel begründen und verständlich machen können.

Bedenken Sie, dass Sie noch Neuling sind. In der exponierten Position des Teamleiters setzen Sie Ihren Rückhalt aufs Spiel, sofern Sie unbedacht, überstürzt oder zu forsch agieren. Sie riskieren, dass von Ihnen gut gemeinte Maßnahmen Widerstände hervorrufen und das Gegenteil von dem bewirken, was Sie erreichen wollen.

Setzen Sie gerade in der Anfangsphase auf vertrauensbildenden Dialog und unmittelbare Einbeziehung Ihrer Mitarbeiter in die gemeinsame Standortbestimmung. Bereiten Sie Entscheidungen sorgfältig und in Ruhe vor.
Wirken Sie in den ersten Wochen vorrangig darauf hin, die Ist-Situation zu analysieren und die Kommunikationskultur in Ihrem Team zu fördern.
Konzentrieren Sie sich auf eine sorgfältige Bestandsaufnahme, um für sich selbst klarer zu sehen.

1.4 Auf welche Barrieren und Widerstände können Sie gerade zu Beginn Ihrer neuen Aufgabe stoßen?

Wenn Sie Ihr Amt als Führungskraft übernehmen, werden wahrscheinlich nicht alle im Team spontan begeistert sein. Dies kann viele Gründe haben: Der eine oder andere ist skeptisch, ob Sie dieser Aufgabe überhaupt gewachsen sind. Sie werden daran gemessen, wie gut Ihr Vorgänger gearbeitet hat. Es gibt Mitarbeiter im Team, die selbst gerne Chef geworden wären. Einzelne Teammitglieder befürchten, dass ihnen ihre Freiheiten und Gestaltungsspielräume beschnitten werden. Nicht jeder findet sie auf Anhieb sympathisch.

Vielfältige Vorbehalte können Ihnen gerade in der Startphase das Leben schwer machen. Gehen Sie eher nicht davon aus, dass zu Beginn alles gleich reibungslos abläuft und sie mit offenen Armen empfangen werden. Vermutlich versuchen die Mitarbeiter im Team zunächst zu klären, was Sie sich sich bei Ihnen erlauben können. Einzelne wollen ihre „Claims" abstecken und wären sogar froh, ganz von Ihnen in Ruhe gelassen zu werden. Unter Umständen werden hohe Erwartungen an Sie gerichtet, was Sie leicht aus dem Rhythmus bringen kann.

Manche denken vielleicht: „Jetzt sind Sie am Zug. Erst einmal abwarten. Mal schauen, wie der Neue sich schlägt. Jetzt schalte ich zunächst einen Gang zurück. Bin gespannt, wer hier der Stärkere ist…" Wenn Sie Pech haben, werden Sie in kleine Rangeleien, Machtkämpfe und Intrigen verwickelt. Rechnen Sie damit, dass einzelne „testen" wollen, wie belastbar und standhaft Sie sind. Womöglich werden Forderungen an Sie herangetragen, die Sie zunächst gar nicht ohne weiteres erfüllen können: Ansprüche auf Gehaltserhöhungen und Erweiterungen der Entscheidungskompetenzen, neue Arbeitsausstattungen, rasche Umstellung der Abläufe, keine Überstunden, sofortige Entlastung und mehr Personal.

Es muss nicht so kommen, dass Sie gleich in die Zange genommen werden. Vielleicht sind die meisten sehr zufrieden damit, dass gerade Sie der neue Leiter geworden sind. Aber auch in diesem Fall werden Erwartungen an Sie gerichtet, die Interessen der Einzelnen und des Teams zu vertreten und bereits zu Beginn Zeichen zu setzen. Manche hoffen, dass jetzt alles besser wird und Sie sogar als Heilsbringer wirken. Dies kann Sie unter hohen Handlungsdruck setzen und Sie dazu verleiten, sich spontan großzügig und wohlwollend zu verhalten. Gerade dann, wenn Einzelne sich von Ihnen wünschen, dass Sie rasche Entscheidungen zu erwünschten Veränderungen herbeiführen, kann es schwierig sein, besonnen Kurs zu halten. Bedenken Sie die Erwartungen Ihrer Vorgesetzten, Wirtschaftlichkeitserwägungen oder Anforderungen zur kundenorientierten Optimierung von Prozessen.

Was können Sie tun, um sich nicht gleich zu Beginn unter Zugzwang setzen zu lassen?

(1) Dämpfen Sie überzogene Erwartungen und bremsen Sie die durchaus gut gemeinte Euphorie, dass Sie als neuer Teamleiter sofort vieles umstellen werden. Machen Sie deutlich, dass Sie berechtigte Anliegen gewissenhaft prüfen und nach einer überschaubaren Einarbeitungszeit auch nötige Entscheidungen treffen werden. Bitten Sie aber um Verständnis dafür, dass nicht alles sofort verändert werden kann.

(2) Machen Sie sich in Ruhe ein Bild der Lage. Halten Sie ausführlich Rücksprache mit Ihrem Vorgesetzten, wenn in den ersten Wochen wichtige Entscheidungen zu treffen sind. Bedenken Sie,

dass Sie getroffene Festlegungen nicht ohne weiteres wieder in Frage stellen können.

(3) Lassen Sie sich nicht von Einzelnen ins Bockshorn jagen. Seien Sie vorsichtig, wenn Sie das Gefühl haben, dass manche Sie verunsichern, einschüchtern oder gar unter Druck setzen wollen. Lassen Sie sich nicht in taktische Manöver verwickeln, bei denen nur persönliche Interessen verfolgt werden. Gebieten Sie Einhalt, wenn Mitarbeiter Sie aufgrund Ihrer fehlenden Erfahrung überrumpeln wollen oder nur auf eigene Vorteile bedacht sind.

(4) Bleiben Sie auf dem Boden der Tatsachen. Selbst wenn Sie sich vornehmen, vorbildlich, fair und einfühlsam zu führen, können Sie es nicht allen recht machen. Sie werden nicht nur positive Nachrichten zu verkünden haben. Gehen Sie deshalb mit Nüchternheit und Realitätssinn an Ihre neue Aufgabe heran. Dämpfen Sie übertriebene Erwartungen und Hoffnungen, dass sich nun alles sofort zum Besseren wendet.

(5) Nehmen Sie sich viel Zeit für anstehende Entscheidungen. Damit ist nicht gemeint, dass Sie alles verschleppen oder die Dinge so belassen, wie Sie von Ihnen vorgefunden werden. Aber gerade am Anfang kommt es auf eine sorgfältige Auseinandersetzung mit den Randbedingungen und Entscheidungsgrundlagen in Ihrem Arbeitsumfeld an.

(6) Begründen Sie getroffene Entscheidungen ausführlich. Machen Sie deutlich, warum Sie als neuer Teamleiter Veränderungen einleiten, die vielleicht längst überfällig sind. Fassen Sie keine unvermittelten Entschlüsse, die Einzelne oder gar das ganze Team vor den Kopf stoßen könnten.

(7) Nehmen Sie sich genügend Zeit für Einzel- und Teamgespräche, um Ihre Sichtweisen zu verdeutlichen und Ihre Ziele zu erläutern. Streben Sie an, alle mit an Bord zu holen. Es kommt darauf an, dass Ihre Mitarbeiter gemeinsam mit Ihnen an einem Strang ziehen. Nehmen Sie geäußerte Bedenken ernst und setzen Sie sich damit ernsthaft auseinander.

(8) Führen Sie durch aktiven Dialog. Stellen Sie Informationen zeitnah zur Verfügung. Räumen Sie bei wichtigen Entscheidungen

Partizipationsmöglichkeiten im Vorfeld ein. Treffen Sie keine einsamen Entscheidungen am grünen Tisch, die keiner nachvollziehen kann. Stellen Sie sich geäußerter Kritik. Versuchen Sie, gerade auch Bedenkenträger zu überzeugen und mit in die Verantwortung zu nehmen.

(9) Arbeiten Sie in den ersten Wochen daran, den Teamauftrag gemeinsam mit Ihren Mitarbeitern zu präzisieren. Hierzu sind Gruppen- und Abteilungsgespräche sinnvoll, in denen nicht nur Fachthemen diskutiert werden. Klären Sie in Besprechungen mit allen Ihren Mitarbeitern folgende Fragen:

- Was zeichnet Ihr Team besonders aus?
- Wer sind Ihre Kunden und was erwarten diese von Ihnen?
- Woran erkennen Sie, dass im Team produktiv gearbeitet und eine gute Leistung für Ihre Kunden erbracht wird?
- Welche Stärken hat jeder Einzelne? Wie können diese im Team so zusammengeführt werden, dass gemeinschaftlich gute Arbeit geleistet wird?
- Was läuft derzeit gut? Was kann künftig verbessert werden? Wie lassen sich Reibungsverluste in einzelnen Abläufen oder in der Zusammenarbeit mit Nachbarbereichen verringern?
- Welche Aktivitäten können in den nächsten Wochen und Monaten dazu beitragen, dass wünschenswerte Veränderungen eingeleitet werden? (Aktionsplan mit Verantwortlichkeiten)

1.5 Worauf ist in den ersten Wochen besonders zu achten?

Empfehlungen zum Einstieg:

Verdeutlichen Sie, dass Sie als neuer Teamleiter keine einsamen Entscheidungen treffen werden. Beziehen Sie Ihre Teammitglieder unmittelbar ein, um eine wünschenswerte Marschrichtung festzulegen.

Präzisieren Sie den Teamauftrag. Klären Sie Erwartungen von Vorgesetzten, Kunden, Nachbarbereichen und Teammitgliedern. Erarbeiten Sie Erfolgskriterien, anhand derer die Leistungsfähigkeit Ihres Teams künftig bewertet werden kann.

Entwickeln Sie abgestimmt auf den Teamauftrag ein erstes Maßnahmenpaket, das Sie mit allen Teammitgliedern gemeinsam erarbeiten. Legen Sie die übergreifenden Ziele für Ihre Organisationseinheit zugrunde, soweit diese bereits feststehen. Vereinbaren Sie jeweils, was realistisch bis wann angegangen werden kann und wer für die Umsetzung verantwortlich ist.

Behalten Sie sich vor, Ihr Aktionsprogramm kontinuierlich in den nächsten Monaten anzupassen und zu verfeinern. Nutzen Sie hierzu regelmäßige Teambesprechungen.

Lassen Sie sich in den ersten Wochen nicht unter überzogenen Handlungsdruck setzen. Überdenken Sie reiflich zweckmäßige Prioritätensetzungen und eigene Entscheidungen. Nehmen Sie sich Zeit für eine sorgfältige Begründung Ihres Vorgehens.

Machen Sie Ihren eigenen Auftrag allen verständlich, indem Sie Ihre Ziele und Erwartungen nachvollziehbar kommunizieren. Wehren Sie überzogene Erwartungen ab und lassen Sie sich nicht in taktische Manöver verwickeln, bei denen nur Einzelinteressen verfolgt werden.

Rücken Sie bei Ihren Entscheidungen die Interessen Ihrer Kunden in den Mittelpunkt. Ziehen Sie die erzielte Produktivität als wesentlichen Maßstab für wünschenswerte Veränderungen heran.

Signalisieren Sie, dass Ihnen nicht nur wirtschaftliche Ziele am Herzen liegen, sondern auch die Mitarbeiterzufriedenheit, ein offener Informationsfluss und eine vertrauensvolle Dialog- und Feedbackkultur im Team. Gehen Sie hierzu mit eigenem Beispiel voran. Kümmern Sie sich frühzeitig um ein gutes Teamklima und die fähigkeitsgerechte Förderung Ihrer Mitarbeiter.

2. Kapitel

Formen und entwickeln Sie ein engagiertes Team

Ihre persönlichen Ziele als Führungskraft werden Sie nur erreichen, wenn Sie es schaffen, ein Team aufzubauen, das gemeinsam mit Ihnen an einem Strang zieht. Dies ist ein wesentlicher Unterschied zu einer Fachaufgabe im Unternehmen: Sie werden nicht mehr nur an Ihrer eigenen Leistung gemessen, sondern daran, wie gut es Ihnen gelingt, die Kompetenzen und Stärken Ihrer Mitarbeiter zu bündeln und auf die Bewältigung der anstehenden Herausforderungen zu konzentrieren.

Wenn sich die unterschiedlichen Fähigkeiten Ihrer Mitarbeiter nicht wirkungsvoll ergänzen und stattdessen jeder „für sich arbeitet", Rivalitäten und Machtkämpfe dominieren oder sogar gegeneinander agiert wird, wird dies negativ auf Sie zurückfallen. Ihre Führungsaufgabe besteht im Wesentlichen darin, dass Sie ein leistungsfähiges Team aufbauen, dabei den inneren Zusammenhalt fördern und die Leistungsressourcen jedes Einzelnen auf die Erfüllung der anstehenden Aufgaben und vor allem die gemeinschaftliche Zielerreichung lenken.

Ein Team, das vorrangig mit sich selbst beschäftigt ist – etwa um ständig interne Konflikte zu bewältigen –, wird kaum erfolgreich dazu beitragen, dass Sie Ihre Ziele erreichen. Insofern ist Ihre eigene Führungseffektivität mit der konstruktiven Zusammenarbeit in Ihrem Team eng verwoben. Sie können nur dann auf Top-Leistungen hinwirken, wenn jeder weiß, was er zu tun hat und auch mit Freude bei der Arbeit dabei ist. Dies setzt voraus, dass die Teammitglieder vertrauensvoll miteinander kommunizieren, auf den anderen spontan zugehen und engagiert an gemeinsamen Problemlösungen arbeiten.

Schaffen Sie deshalb gleich zu Beginn die Grundlagen dafür, dass unter Ihrer Federführung ein gutes Team entsteht. Dies ist aber kein Selbstläufer. Ihre Initiative ist gefragt, damit sich die einzelnen Teammitglieder auf die gemeinschaftlichen Ziele konzentrieren und sich nicht als Einzelkämpfer profilieren. Für Sie bedeutet dies, zu prüfen, wer an welchem Platz am besten eingesetzt ist und welche Aufgabenschwerpunkte jeder übernehmen sollte. Dazu kommt die anspruchsvolle Führungsanforderung, dass die Leistungen der Einzelnen integriert und auf die Erfüllung des übergreifenden Teamauftrags ausgerichtet werden.

Überlassen Sie dies nicht dem Zufall und vertrauen Sie nicht darauf, dass jeder anfänglich schon weiß, was er zu tun hat. Allerdings wäre es ungeschickt, wenn Sie durch ständige Eingriffe oder Kontrollen die spontane Initiative Ihrer Mitarbeiter zur Selbststeuerung im Team zunichte machen. Je eigenständiger und engagierter Ihre Mitarbeiter an der Aufgabenerledigung und Verfolgung der vereinbarten Ziele arbeiten, desto besser ist dies für das gesamte Team. Konzentrieren Sie sich deshalb darauf, ein kompetentes Team zusammenzuführen, Ziele zu vereinbaren, bei der Zielverfolgung zu beraten, begleitende Unterstützung anzubieten und Feedback zur Leistungserbringung zu geben.

Sie sind dazu als Gesprächspartner gefragt, der sich die Zeit nimmt, mit jedem in Kontakt zu bleiben. Reden Sie in Ruhe mit Ihren Teammitgliedern darüber, welche Ziele und Aufgabenschwerpunkte für den Einzelnen maßgebend sind und wie sich der Beitrag für die Erreichung der übergreifenden Ziele der Organisationseinheit gestalten kann. In gleichem Maße sind Teambesprechungen sinnvoll, in denen Sie mit dem gesamten Team gemeinsame Ziele herausarbeiten und Meilensteine zur koordinierten Zielerreichung festlegen. Sie können dann nach und nach den Stand überprüfen und bei Bedarf Kurskorrekturen vornehmen. Der Aufbau eines produktiven Teams ist insofern ein kontinuierlicher Dialog- und Feedbackprozess, der dazu führt, dass jeder die Sinnhaftigkeit seines Handelns bezogen auf die gemeinschaftlichen Ziele erkennen kann.

Im günstigen Falle entwickelt sich bei allen Teammitgliedern im Laufe der Zeit ein inneres Bekenntnis bzw. eine Art „Selbstverpflichtung", sich ernsthaft durch einen persönlichen Leistungsbeitrag für das Team einzubringen. Diese Grundhaltung setzt eine hohe Eigenmotivation und Selbstdisziplin voraus und ist zugleich förderlich für das Teamklima. Dazu gehören wechselseitiges Vertrauen, eine offene Kommunikation, eine gute innere Abstimmung und Rücksichtnahme auf die Eigenarten des Einzelnen. Ein produktives Team ist dadurch gekennzeichnet, dass jeder gemeinsam mit seinen Kollegen und Kolleginnen dafür Sorge trägt, dass die Erwartungen der Kunden, Auftraggeber und Leistungsempfänger in hohem Maße erfüllt werden. Damit dies tatsächlich gelingt und die gemeinsamen Ziele auch in gelegentlich schwierigen, konfliktträchtigen Phasen der Teamentwicklung nicht aus dem Auge verloren werden, ist Führung unabdingbar.

2.1 Welches Team haben Sie zu führen?

Wenn Sie als Teamleiter neu in die Führungsrolle kommen, sind verschiedene Ausgangssituationen denkbar, die jeweils eine unterschiedliche Verhaltensstrategie nahelegen:

> **BEISPIEL:** Sie stoßen von außen, d. h. beispielsweise von einem anderem Unternehmen, hinzu und übernehmen die Verantwortung für ein vorhandenes Team.

In dieser Situation sind Sie bewusst eingestellt worden, um die Leitung eines bestimmten Teams in der für Sie neuen Firma zu übernehmen. Sie sind noch nicht mit den einzelnen Personen in dem für Sie unvertrauten Umfeld bekannt. Wahrscheinlich haben Sie unter diesen Umständen einen neuen eigenen Vorgesetzten und finden ein Team mit vorhandenen Mitarbeitern vor, dessen Leitung Sie als künftiger Teamleiter zu übernehmen haben.

Diese Ausgangslage hat Vor- und Nachteile. Ich nehme an, dass Sie in diesem Fall explizit als neue Führungskraft ausgewählt worden sind und sich gegenüber anderen Kandidaten durchsetzen konnten. Aufgrund Ihrer Biographie und Ihrer bereits gesammelten Erfahrungen hat man Sie als geeignet eingeschätzt, um die vakante Leitungsaufgabe zu übernehmen.

Folgende **Vorteile** ergeben sich aus dieser Konstellation für Sie:

- Die Entscheider, wahrscheinlich Ihre künftigen Vorgesetzten, der Vorstand und der Personalbereich, sind von Ihnen überzeugt und trauen Ihnen die Fähigkeit zu, die Leitungsaufgabe erfolgreich zu bewältigen. Sie genießen einen positiven Startbonus.

- Ihr Team ist bereits vorhanden und sie können ohne „Altlasten" die Leitungsfunktion übernehmen. Sie haben die Chance, Ihre Erfahrungen aus Ihrem bisherigen Unternehmen einzubringen und werden gleich als Teamleiter eingeführt. Selbst wenn Sie vorher noch keine Führungsaufgabe innehatten, wird man Sie sofort in der Rolle als Führungskraft kennenlernen. Damit fällt es Ihnen unter Umständen leichter, sich von Ihrer früheren Rolle, z. B. als Spezialist oder Sachbearbeiter, zu lösen.

- Vielleicht hatten Sie bereits eine vergleichbare Führungsaufgabe in Ihrem bisherigen Unternehmen inne. In diesem Fall beinhaltet der Einstieg in der neuen Firma wahrscheinlich eine Zunahme an Verantwortung und Gestaltungsmöglichkeiten. Es werden Ihnen zugleich weiterführende Perspektiven eröffnet.

Es ergeben sich aber auch **Risiken**, die Sie beachten sollten:

- Da Sie das neue Unternehmen noch nicht gut kennen, sind Ihnen die Abläufe, die Strukturen, die Berichtswege und die handelnden Personen nicht ausreichend bekannt. Es kann dementsprechend in der Startphase Reibungsverluste geben, die auch darauf zurückzuführen sind, dass Sie erst eine gute Akzeptanz in dem neuen Umfeld gewinnen müssen. Sie tappen vielleicht in das eine oder andere Fettnäpfchen, weil bestimmte Spielregeln, die Sie in Ihrem bisherigen Unternehmen kennengelernt haben, in der neuen Firma nicht gelten.

■ Ihre Vorgesetzten haben bestimmte Erwartungen an Sie, die womöglich erst nach und nach sichtbar werden: Unter Umständen sollen Sie ehrgeizige Ziele erreichen, Prozesse straffen, Kosten senken oder auch schwierige Personalveränderungen umsetzen. Sie werden schon nach kurzer Zeit daran gemessen, wie gut es Ihnen gelingt, unangenehme Entscheidungen zu treffen, die Sie aufgrund von Weisungen höherer Hierarchiestufen durchzusetzen haben.

■ Sie lernen die Mitarbeiter Ihres neuen Teams im Laufe der Zeit näher kennen und stellen fest, dass sich nicht alles so positiv darstellt, wie es sich anfangs angedeutet hat. Denken Sie z. B. an folgende mögliche Konstellation: Es gibt Vorbehalte gegenüber Ihnen als Leiter. Manche Mitarbeiter wirken demotiviert und sogar frustriert. Es gab in der Vergangenheit mehrere Kündigungen. Einige klagen über eine sehr hohe Arbeitsbelastung. Spannungen und Konflikte behindern die interne Kommunikation. Beschwerden von Kunden lassen erkennen, dass viele Abläufe nicht optimal sind. Man erwartet von Ihnen rasche Lösungen für Probleme, die sich schon seit Monaten angehäuft haben. Sie wissen zunächst gar nicht, wo Sie überhaupt anfangen sollen …

Wie auch immer sich die Situation für Sie als Newcomer in diesem Unternehmen darstellt: Machen Sie in den ersten Wochen zunächst eine gründliche Bestandsaufnahme und bemühen Sie sich darum, das Vertrauen Ihrer Ansprechpartner im Tagesgeschäft zu gewinnen. Ein ausgeprägter Aktionismus wäre fehl am Platze. Führen Sie gezielt Einzelgespräche, um die Erwartungen von Vorgesetzten und Mitarbeitern zu klären. Erläutern Sie auch Ihre eigenen Vorstellungen und machen Sie deutlich, dass Sie sich zunächst orientieren werden, bevor Sie neue Weichenstellungen einleiten. Nehmen Sie Kontakt zu Nachbarbereichen auf, um sich über Anforderungen und Abstimmungserfordernisse an den jeweiligen Schnittstellen zu informieren.

Dem Aufbau eines positiven Arbeitsverhältnisses zu Ihrem Vorgesetzten kommt dabei eine wesentliche Rolle zu. Wenn Sie schwierige Entscheidungen in Ihrem eigenen Team anzubahnen haben, benötigen Sie Rückhalt und zugleich freie Hand, um gemäß Ihren Kompetenzen eigenverantwortlich zu handeln. Schaffen Sie die Voraussetzungen dafür, dass Sie Ihre Leitungsaufgabe mit Leben füllen können. Dazu gehört, die für Sie maßgeblichen Vorgaben zu klären und Ziele zu vereinbaren, die Sie selbst als erreichbar einstufen. Wirken Sie deshalb im ersten Schritt gemeinsam mit Ihrem Chef auf die Festlegung von realistischen Prioritäten hin, damit Sie sich nicht verzetteln.

Klären Sie im zweiten Schritt gemeinsam mit Ihrem Team die Rahmenbedingungen der Zusammenarbeit. Machen Sie die für Sie maßgeblichen Ziele transparent. Arbeiten Sie einen gemeinsamen Teamauftrag heraus und legen Sie mit jedem Mitarbeiter in Ihrem Team Aufgabenschwerpunkte fest. Vereinbaren Sie auch individuelle Ziele, sofern die Mitarbeiter über genügend Entscheidungs- und Gestaltungsspielräume verfügen, um die jeweiligen Ziele eigenständig zu verfolgen. Wirken Sie nach einer ersten Orientierungsphase darauf hin, dass Meilensteine definiert werden, was bis wann erreicht werden sollte. Behalten Sie sich gerade zu Beginn die Option vor, getroffene Vereinbarungen bei Bedarf nachträglich zu justieren. Ansonsten binden Sie sich an eventuell verfrühte Festlegungen, die Sie später aufgrund näherer Kenntnis der Umfeldbedingungen in Ihrem Verantwortungsbereich revidieren müssen.

Bedenken Sie, dass Ihnen Ihre neue Firma noch unvertraut ist und Sie am Anfang nicht sämtliche Abläufe durchschauen. Lassen Sie sich deshalb nicht darauf ein, gleich zu Beginn irreversible Entscheidungen herbeizuführen, die Sie später in die Bredouille bringen könnten. Dennoch spricht nichts dagegen, dass Sie vernünftige Arbeitsziele für die ersten Wochen und Monate ableiten und mit den einzelnen Mitarbeitern näher erörtern. Zeigen Sie die Richtung auf, legen Sie erste Schwerpunkte fest und stecken Sie einen Rahmen ab. Zügeln Sie sich zugleich, in die gewachsenen Tätigkeitsbereiche der Mitarbeiter durch schwer nachvollziehbare Vorgaben unvermittelt einzugreifen.

Selbst wenn Sie den Eindruck haben, dass manches nicht optimal läuft, kann Ihnen vorschnelles Handeln zum Nachteil gereichen – insbesondere dann, wenn Sie Zuständigkeiten von Einzelnen beschneiden oder aufkommende Widerstände gegen Ihren neuen Kurs ignorieren. Konzentrieren Sie sich in der Startphase darauf, Ihre Mitarbeiter näher kennenzulernen und auf den Aufbau eines fruchtbaren Arbeitsbündnisses mit jedem Einzelnen hinzuwirken. Vermeiden Sie vorschnelle Bewertungen, spontane Kritik und negative Äußerungen zur Vergangenheit oder zu Ihrem Vorgänger. Führen Sie in Ruhe Team-Meetings und Statusbesprechungen mindestens alle vier bis sechs Wochen durch.

Nutzen Sie gerade am Anfang Ihre Zeit für gut vorbereitete Einzelgespräche mit allen Mitarbeitern. Lassen Sie sich die einzelnen Arbeitsbereiche durch Ihre Mitarbeiter genauer vorstellen. Zeigen Sie ein offenes Ohr für Probleme, die Ihnen berichtet werden. Bitten Sie jedoch um Verständnis dafür, dass Sie nicht gleich alles umstellen werden, da Sie sich erst selbst im neuen Unternehmen hinreichend orientieren müssen. Sich ein gründliches Bild von der Ausgangslage in Ihrem Zuständigkeitsbereich zu machen, bedeutet nicht, dass Sie zweckmäßige Umstellungen auf die lange Bank schieben. Sie benötigen jedoch eine solide Urteilsgrundlage, ein sicheres Verständnis für die Abläufe und eine hinreichende Kenntnis der handelnden Personen, damit Sie zweckmäßige Veränderungen anbahnen können.

> **BEISPIEL:** Sie beginnen in einer anderen Firma als Teamleiter und haben ein neues Team aufzubauen.

Diese Ausgangssituation ist noch etwas komplexer als die vorherige: Sie sind zwar als Leiter eingestellt, es existiert aber noch kein Team. In diesem Falle müssen Sie nach und nach neue Mitarbeiter finden, die für die anstehenden Fachaufgaben geeignet sind. Sie sind von Beginn an Führungskraft, aber es gibt noch keine Mitarbeiter, die Sie zu führen haben – oder noch nicht alle Mitarbeiter sind bereits an Bord. Dies hat unter Umständen auch einige **Vorteile** für Sie:

- Sie können die Mitarbeiter schrittweise selbst suchen und dabei sowohl fachliche als auch persönliche Auswahlkriterien zugrunde legen. Es kommt darauf an, dass Sie Mitarbeiter gewinnen, die einerseits kompetent und motiviert sind, andererseits aber auch Ihnen gegenüber loyal handeln.

- Falls die anstehenden Aufgaben nicht unbedingt hoch spezialisierte und am Arbeitsmarkt rare Experten erfordern, können Sie wahrscheinlich aus einem Pool von Bewerbern geeignete Mitarbeiter auswählen. Legen Sie dazu Ihr jeweils bevorzugtes Anforderungsprofil zugrunde und stellen Sie sicher, nach und nach die richtigen Fachkräfte an Bord zu holen.

- Sie sind nicht gleich zu Beginn Ihrer Führungsaufgabe damit konfrontiert, eine größere Gruppe von Ihnen unbekannten Mitarbeitern für das Erreichen von anspruchsvollen Zielen mobilisieren zu müssen. Stattdessen können Sie sich zunächst mit Ihrem neuen Firmenumfeld und Ihrem Aufgabengebiet vertraut machen. Dabei bietet sich Ihnen die Chance, mit Ihrem eigenen Vorgesetzten gemeinsam eine Strategie zu entwickeln, wie Sie schrittweise die passenden Mitarbeiter finden. Dadurch können Sie nach und nach sicherstellen, dass Sie künftig das leisten, was von Ihnen und Ihrem Team erwartet wird.

Holen Sie sich Unterstützung, wenn Sie am Anfang Ihrer Funktionsübernahme noch kein komplettes, arbeitsfähiges Team zur Verfügung haben. Neben Ihrem Vorgesetzten kann Sie vor allem der Personalbereich bei der Suche beraten und begleiten. Eventuell gibt es auch Mitarbeiter in diesem Unternehmen, die für Ihr künftiges Team in Frage kommen, aber derzeit noch in anderen Bereichen arbeiten. Der Personalleiter wird einschätzen können, ob beispielsweise eine interne Stellenausschreibung sinnvoll ist oder ob einzelne Fachkräfte aus anderen Abteilungen direkt angesprochen werden können.

Es kann allerdings heikel sein, wenn der Eindruck entsteht, dass Sie Mitarbeiter aus anderen Fachbereichen „abwerben". Andere Führungskräfte interpretieren dies unter Umständen als direkten Eingriff und reagieren irritiert, wenn Sie auf diese Art und Weise passende Mitarbeiter für sich selbst finden wollen. Stimmen Sie dies auf jeden Fall mit der nächsthöheren Führungsebene ab. Bei einer externen Suche kann darüber hinaus die Einbeziehung einer Personalagentur oder eines Personalberaters sinnvoll sein.

Stellen Sie sich darauf ein, dass Sie viel Zeit darauf verwenden müssen, um die passenden Mitarbeiter zu finden, auszuwählen und in

Ihr Team zu integrieren. Es kann auch der Fall auftreten, dass Sie zunächst keine geeigneten Fachkräfte finden oder einzelne Mitarbeiter noch während der Probezeit das Unternehmen wieder verlassen. Nehmen Sie insofern den Aufbau Ihres neuen Teams nicht auf die leichte Schulter.

Es wäre illusionär zu glauben, dass Sie die Suche nach neuen Mitarbeitern mühelos nebenbei erledigen können. Halten Sie sich den Rücken in den ersten Monaten frei, damit Sie sich auf diese vorrangige Aufgabe der Personalgewinnung und des Aufbaus Ihres Teams konzentrieren können. Es ist entscheidend für Ihren eigenen Erfolg, dass Sie hierbei keine unnötigen Kompromisse eingehen und sich ein leistungsfähiges Spitzen-Team zusammenstellen, das die anstehenden Herausforderungen bewältigen kann.

> **BEISPIEL:** Sie werden in Ihrem bisherigen Unternehmen zum Teamleiter befördert und übernehmen eine Führungsaufgabe in einer anderen Abteilung.

In diesem Falle haben Sie den entscheidenden Vorteil, dass Sie mit Ihrem eigenen Haus und den strukturellen Rahmenbedingungen vor Ort bereits gut vertraut sind. Sie kennen die Unternehmenskultur und haben wahrscheinlich ein internes Netzwerk aufgebaut, das Ihnen vielfältige Kontakte auch in den Führungskreis hinein eröffnet. Sie wären nicht Führungskraft geworden, wenn man Ihre bisherigen Leistungen nicht positiv gewürdigt hätte.

Allerdings kann der Fall auftreten, dass Sie einem neuen Vorgesetzten zugeordnet werden und in einem anderen Bereich oder Standort Ihres Hauses tätig werden. Als Teamleiter werden Sie außerdem nach anderen Gesichtspunkten eingeschätzt als zuvor. Man erwartet von Ihnen, dass Sie zügig die Leitung Ihres Teams übernehmen und ähnlich wie in der Vergangenheit sichtbare Erfolge nachweisen. Wenn Sie bisher jedoch nicht geführt, sondern eine Fachfunktion ausgeübt haben, liegt hier ein hohes Risiko verborgen: Während Sie sich grundlegend umstellen müssen und die Führungsaufgabe für Sie völlig neu ist, denken Ihre Vorgesetzten eventuell, es ginge reibungslos „weiter wie bisher."

Sie können jedoch den „Schalter" nicht einfach von heute auf morgen umlegen – etwa nach dem Motto: Gestern war ich eine geschätzte Fachkraft, nun bin ich eine gleichermaßen erfolgreiche Führungskraft. In Ihrem eigenen Unternehmen hat man Sie bisher wahrscheinlich als kompetente Fachfrau oder als versierten Fachmann kennengelernt. Als Führungskraft sind Sie demgegenüber ein unbeschriebenes Blatt. Sie müssen sich die Meriten erst noch verdienen und werden dabei bestimmt kritisch beobachtet. Nicht jeder wird Ihnen zutrauen, als Führungskraft zu reüssieren.

Insofern kann der Erwartungsdruck an Sie sehr hoch sein. Wenn Sie selbst eher auf Kontinuität setzen und darauf vertrauen, dass alles wie bisher positiv weiter verläuft, unterschätzen Sie die anstehenden Herausforderungen. Von Vorteil ist es jedoch, wenn Sie in einer anderen Abteilung oder einem anderen Unternehmensbereich Ihres Hauses als Führungskraft beginnen – also nicht im eigenen Team. Dadurch haben Sie insofern eine günstige Ausgangssituation, da Sie von Beginn an eine neue Rolle übernehmen und sich als Teamleiter voll auf die Führungsaufgabe konzentrieren können.

Vielleicht übernehmen Sie auch ein vorhandenes Team mit Mitarbeitern, die Sie bisher noch gar nicht näher kennengelernt haben. Insofern ist diese Startsituation vergleichbar mit dem Einstieg in ein fremdes Unternehmen – allerdings mit dem Vorteil, dass Sie die Spielregeln in Ihrem eigenen Hause bereits kennen und auf Rückhalt im Kreis Ihrer Vorgesetzten setzen können. Man wird Sie nicht gleich fallen lassen, wenn Sie mit gewissen Anlaufschwierigkeiten in der Leitungsfunktion zu kämpfen haben. In einem fremden Unternehmen könnte dies dazu führen, dass man Ihnen bereits in der Probezeit kündigt!

Nutzen Sie den Startbonus im eigenen Unternehmen, um sich mit Ihrem neuen Team von Anbeginn gut vertraut zu machen. Die ersten Führungsaufgaben lauten in diesem Falle:

- Vertiefende Einzelgespräche mit allen Teammitgliedern zur gemeinsamen Standortbestimmung,

- Kennenlernen der Aufgabenbereiche und der fachlichen Schwerpunkte der einzelnen Mitarbeiter,

- Erarbeiten eines gemeinsamen Teamauftrags, der an den übergeordneten strategischen Zielen ausgerichtet ist,

- Treffen erster Zielvereinbarungen und Festlegung von Meilensteinen für die nächsten Monate – sowohl für die einzelnen Mitarbeiter als auch für das gesamte Team,

- Integration neuer Mitarbeiter – sofern erforderlich –, z. B. durch Suche und Auswahl geeigneter Spezialisten und gezielte Einarbeitungspläne für jeden Einzelnen,

- Ableiten von Förder- und Coachingmaßnahmen für sämtliche Mitarbeiter, um individuelle Kompetenzen weiter auszubauen und neu anstehende Aufgaben effektiv bewältigen zu können,

- Regelmäßige Abteilungsbesprechungen mit sämtlichen Mitarbeitern und dazu ergänzend persönliche Feedbackgespräche, in denen Sie zugleich Beratung und Unterstützung bei der individuellen Zielverfolgung und Aufgabenerledigung anbieten.

Achten Sie darauf, dass Sie nicht zu viel Zeit für externe Termine, Dienstreisen und Meetings verplanen, damit Sie sich überhaupt mit der Steuerung Ihres eigenen Teams gewissenhaft auseinandersetzen können. Machen Sie Ihrem Vorgesetzten deutlich, dass Sie in Ihrer neuen Rolle als Teamleiter genügend Freiräume benötigen, um die anstehenden Gespräche zu führen. Manche Teamleiter machen den Fehler, dass Sie den Aufwand für Mitarbeitergespräche gerade in der Startphase erheblich unterschätzen.

Reservieren Sie einen frei disponierbaren Zeitpuffer, um flexibel reagieren zu können und bei Bedarf zusätzliche Gespräche mit Ihrem Team bzw. mit einzelnen Teammitgliedern zu führen. Die ersten Wochen sind entscheidend für Ihre eigene Positionierung als Führungskraft. Wenn Sie in dieser Phase nicht den engen Kontakt zu Ihren Mitarbeitern suchen und stattdessen von einem Termin zum nächsten hetzen, werden Sie schnell an Ihre Grenzen stoßen. Sie riskieren, einen Ihnen gewährten Vertrauensschuss in Ihrem Team zu verspielen. Denken Sie als neuer Teamleiter daran, dass Sie jetzt auch für Ihre Mitarbeiter Prioritäten setzen müssen und nicht nur für sich selbst verantwortlich sind. Wenn Sie nicht von Anfang an in den Aufbau einer tragfähigen Teamkultur investieren, können

Sie keinen ausgeprägten Teamgeist erwarten. Ein hohes Maß an Eigeninitiative, Engagement und Selbststeuerung ist unter diesen Voraussetzungen eher unwahrscheinlich.

> **BEISPIEL:** Sie werden zum Teamleiter befördert und übernehmen die Leitung in Ihrem eigenen Team. Sie sind nun Vorgesetzter Ihrer bisherigen Kolleginnen und Kollegen.

Diese Konstellation scheint auf den ersten Blick besonders attraktiv: aus dem Kreis der Kolleginnen und Kollegen heraus befördert zu werden und nun selbst die Teamleitung zu übernehmen. Vielleicht ist Ihr bisheriger Chef befördert worden, oder er hat das Unternehmen verlassen, oder er ist in den wohlverdienten Ruhestand gewechselt. Nun übernehmen Sie das Ruder. Bisher haben Sie zwar keine einschlägige Führungserfahrung vorzuweisen. Aber jetzt können Sie beweisen, was in Ihnen steckt. Vielleicht freuen sich sogar Ihre Kolleginnen und Kollegen darauf, dass Sie den Job übernehmen und nicht ein Leiter von außen hinzustößt.

Sie haben den großen Vorteil, dass Sie das Team, die Arbeitsbedingungen und die Abläufe bestens kennen. Sogar die Teammitglieder sind Ihnen schon vertraut. Wer würde sich nicht solche günstigen Startbedingungen als neuer Teamleiter wünschen? Aber Vorsicht! Die Sache kann einen Pferdefuß haben. Die Gefahr ist groß, dass Sie diese Ausgangslage in Ihrer Komplexität unterschätzen und damit etliche Risiken übersehen.

Achten Sie deshalb auf einige Fallstricke, wenn Sie Ihren Job als Leiter im eigenen Team antreten. Ihre Kolleginnen und Kollegen haben Sie wahrscheinlich bisher als Teamkollegen geschätzt. Nun sind Sie aber der Vorgesetzte und haben damit eine verantwortungsvolle Machtposition übernommen. Ein allzu kollegialer Umgang kann Sie in Schwierigkeiten bringen, wenn Sie schwierige Entscheidungen durchboxen müssen.

Ihnen fehlt womöglich noch die nötige Distanz, um aus einem übergeordneten Blickwinkel die Prioritäten richtig zu setzen. Die Gefahr ist groß, dass Sie zunächst nur aus der Perspektive des Fachmanns oder der Fachfrau urteilen, nicht jedoch die übergeordneten

Ziele, die Führungsverantwortung und das gesamte Team im Blick haben.

Einige Teammitglieder könnten erwarten, dass Sie nun über ihnen das Füllhorn ausschütten. Da Sie bisher wahrscheinlich als angenehmer und umgänglicher Kollege erlebt wurden, ist die Hoffnung vorhanden, dass Sie sich nun für das gezeigte Wohlwollen bei Ihrer Beförderung revanchieren werden: Man gesteht Ihnen die Leitung zu, erwartet aber für sich selbst erkennbare Vorteile – sozusagen als Gegenleistung für das Entgegenkommen, Sie als Chef zu akzeptieren.

Womöglich werden Ihnen gegenüber hoch gesteckte Wünsche und Erwartungen vorgetragen: Einzelne möchten ebenfalls einen Karriereschritt machen. Andere Teammitglieder wünschen sich eine Gehaltserhöhung, zusätzliche Seminare, einen attraktiveren Arbeitsplatz, flexiblere Arbeitszeiten und und und … Sie kommen unverhofft in die Situation, ständig „nein" sagen zu müssen und werden plötzlich zum Buhmann. Manche denken insgeheim oder äußern sogar offen: „So haben wir uns das aber nicht vorgestellt". „Du bist nun der Chef, wir haben dem zugestimmt, und nun willst du nichts für uns tun." „Wenn du gegen uns harte, unangenehme Entscheidungen durchsetzen willst, werden wir uns gegen dich verbünden und dies nicht zulassen."

Sie werden von Ihren eigenen Vorgesetzten immer noch als der bewährte Fachmann oder die versierte Fachfrau eingeschätzt. Man geht mit Ihnen nicht um wie mit einer Führungskraft, sondern überträgt Ihnen ständig neue Fachaufgaben. Da Sie noch nicht wie ein alter Hase delegieren oder sich nach oben nicht genügend abschirmen können, häuft sich immer mehr Arbeit bei Ihnen an. Sie müssen ständig Überstunden leisten und kommen trotzdem nicht dazu, sich Ihren Schreibtisch frei zu schaufeln.

Im Führungskreis, d. h. im Kreis der Kollegen mit Führungsverantwortung im Hause, wird gegenüber Ihnen als einem „Emporkömmling" zurückhaltend reagiert. Man kennt Sie zwar als Mitarbeiter in Projekten, Arbeitsgruppen oder Fachkreisen. Aber einige haben Vorbehalte, ob Sie der neuen Aufgabe überhaupt gewachsen sind. Es gibt Neider, die gerne auch aus den eigenen Reihen heraus befördert worden wären. Da und dort lässt man Sie „auflaufen" oder ignoriert Sie sogar. Sie werden unvermittelt in Machtspiele und Intrigen mit angrenzenden Ressorts verwickelt und stehen plötzlich zwischen allen Stühlen.

Ich möchte nicht den Teufel an die Wand malen. Aber es kann außerordentlich schwierig für Sie sein, als ehemaliger Kollege oder als ehemalige Kollegin rasch die nötige Autorität und Durchsetzungsstärke in der neuen Führungsrolle zu gewinnen. Wahrscheinlich werden Sie in einzelnen Situationen nicht als Vorgesetzter wahrgenommen, sondern immer noch als gleichberechtigtes Teammitglied. Manche reagieren wahrscheinlich irritiert oder nehmen Sie anfänglich nicht ernst, wenn Sie plötzlich das Sagen haben und Entscheidungen treffen, die nicht jeder auf Anhieb mitträgt.

Wenn zusätzlich vereinzelt Konflikte und Spannungen im Team aufkommen, werden Sie als neuer Teamleiter hart arbeiten müssen, um sich zu behaupten. Seien Sie sich darüber im Klaren, dass Sie aus einer übergeordneten Perspektive heraus auch Positionen zu vertreten haben, die sogar gegen die Gruppenmehrheit durchgesetzt werden müssen. Dies dürfte Ihnen schwer fallen, wenn Sie bisher eher als hilfsbereiter Kamerad oder als nette und zurückhaltende Kollegin wahrgenommen wurden. Unter Umständen sind Sie gezwungen, unangenehme Entscheidungen durchzusetzen und Botschaften zu verkünden, die nicht auf spontane Zustimmung stoßen – z. B. dann, wenn die wirtschaftliche Lage sich verschlechtert, Kosten gesenkt oder restriktive Vorgaben der Geschäftsleitung umgesetzt werden müssen.

Unter diesen Vorzeichen ist es kein Honigschlecken, den Übergang vom Kollegen zum Chef erfolgreich zu meistern. Etliche Führungsfehler können sich gleich zu Beginn einschleichen. Wahrscheinlich würde es Ihnen leichter fallen, in einem anderen Bereich oder sogar in einer anderen Firma als Teamleiter neu zu beginnen. Seien Sie deshalb auf der Hut, wenn Sie zum Chef Ihrer bisherigen Kolleginnen und Kollegen ernannt werden: Diese Situation hat es „in sich" und erfordert von Ihnen viel Geschick, Einfühlungsvermögen, Überzeugungsstärke und eine glückliche Hand.

Machen Sie sich bewusst, dass Sie sich in einer Zwickmühle befinden, wenn Sie aus einem freundschaftlich-kollegialen Beziehungsgefüge heraus in eine exponierte hierarchische Rolle wechseln. In der Leitungsrolle werden von Ihnen zwingend andere Umgangsformen und ein neuer Verhaltensstil gefordert, der sich nicht mit demjenigen eines Team- und Fachkollegen deckt. Ein partizipativer Führungsstil ist auch nicht mit einem kollegialen Umgang auf Teamebene zu verwechseln. Die Anforderungen in der Führungsrolle können sogar diametral von der Kollegenrolle abweichen, wenn es darum geht, anspruchsvolle Produktivitätsziele zu erreichen oder schwierige Führungsentscheidungen fair, aber dennoch verbindlich und konsequent durchzusetzen.

2.2 Wie stärken Sie als neuer Teamleiter den Teamgeist und den inneren Zusammenhalt?

Wenn Sie Vorgesetzter werden, dürfen Sie nicht der Versuchung unterliegen, einsame Entscheidungen herbeizuführen. Nehmen Sie grundsätzlich den Blickwinkel der einzelnen Teammitglieder ein, bevor Sie eine Weichenstellung einleiten, die Ihr Team betrifft. Analysieren Sie jeweils den anstehenden Handlungsbedarf und die voraussichtliche Reaktion der Einzelnen, wenn aus Ihrer Sicht bestimmte Umstellungen sinnvoll sind. Gehen Sie dabei systematisch vor und beziehen Sie Ihre Mitarbeiter soweit wie möglich in den Entscheidungsprozess ein. Streben Sie nach hoher Transparenz bei der Entscheidungsfindung.

Gehen Sie gedanklich bei wichtigen Entscheidungen zu anstehenden Veränderungen folgende Aspekte durch?

- **Ist-Situation**: Wie erleben Sie die aktuelle Situation? Was kann beibehalten werden? Inwiefern ergeben sich Veränderungsnotwendigkeiten? Wie schätzen Sie Sie es ein, und welche Sichtweisen vertreten Ihre Teammitglieder?

- **Soll-Zustand:** Was soll genau erreicht werden? Wie kann der erwünschte Zustand beschrieben werden? Welche Umstellungen werden angestrebt?

- **Gründe und Nutzenargumentation:** Warum ist es erforderlich, einzelne Abläufe umzustellen, Strukturen neu zu ordnen oder bestimmte Maßnahmen einzuleiten? Welche Vorteile ergeben sich im einzelnen: z. B. Produktivitätsverbesserungen, mehr Kundenorientierung, effektivere Kommunikation und Zusammenarbeit im Team, deutliche Kostenvorteile oder Abbau von Reibungsverlusten in der Wertschöpfungskette?

- **Vermutete Konsequenzen:** Welche Auswirkungen haben angestrebte Veränderungen auf Einzelne im Team und die Gruppe insgesamt? Welche Folgen ergeben sich für Dritte, z. B. Nachbarbereiche, Kunden oder Lieferanten?

- **Erforderlicher Maßnahmenplan:** Wer ergreift mit wem und bis wann die Initiative? Welche Erfolgskriterien sind zu definieren? Lassen sich Meilensteine festlegen, die als Indikatoren für erzielte Fortschritte gelten können?

- **Barrieren und Widerstände:** Könnten Ihre Teammitglieder Bedenken vortragen, wenn Sie bestimmte Ziele verfolgen oder neue Maßnahmen einführen wollen? Mit welchen Vorbehalten ist zu rechnen? Welche offenen Fragen bestehen im Vorfeld einer beabsichtigten strukturellen Umstellung?

Erörtern Sie wichtige Entscheidungen gemeinsam in der Gruppe. Nehmen Sie sich die Zeit, die Sichtweisen aller Beteiligten zu hören. Bitten Sie auch diejenigen um eine Stellungnahme, die sich nicht spontan äußern. Gehen Sie grundsätzlich so vor, dass Sie die fachlich jeweils kompetenten Mitglieder Ihres Teams vorab hören, um eine optimale Entscheidung herbeizuführen. Beraten Sie offene Fragen mit Ihren Spezialisten und nutzen Sie deren Know-how, um zu einer umfassenden Problemsicht zu gelangen. Machen Sie sich ein genaues Bild der Lage, bevor Sie selbst eine Entscheidung herbeiführen. Achten Sie darauf, nicht in die fachlichen Zuständigkeiten der einzelnen Teammitglieder einzugreifen.

Sie vermitteln dadurch Ihrem Team das Gefühl, dass sie sich nicht über die Gruppe hinwegsetzen oder sich selbst nicht für den besten Fachmann oder die beste Fachfrau halten. Ihre Aufgabe als Teamleiter besteht darin, die anstehenden Probleme nicht alleine zu bewältigen, sondern gemeinsam mit Ihren Mitarbeitern nach den besten Lösungen zu suchen. Fördern Sie die offene Kommunikation und selbstständige Zusammenarbeit in Ihrem Team, indem dass Sie folgende Hinweise beachten.

- Delegieren Sie Aufträge an Ihr Team oder an einzelne Teammitglieder möglichst vollständig. Greifen Sie in die Aufgabenerledigung selbst nicht ein, sofern es dafür nicht zwingende Gründe gibt.

- Vereinbaren Sie Ziele, Aufgabenschwerpunkte oder problemspezifische Zuständigkeiten, die eigenständiges Arbeiten ermöglichen. Mischen Sie sich in die Umsetzung nicht ein. Besprechen Sie stattdessen Meilensteine und erzielte Resultate. Bieten Sie bei Bedarf Ihre Unterstützung an, wenn etwas nicht nach Plan läuft und Ihre Mitarbeiter um Ihre Hilfe oder Ihren Rat bitten.

- Ermöglichen Sie den Mitarbeitern im Team, kontinuierlich an einzelnen Problemlösungen zu arbeiten. Vermeiden Sie es unbedingt, ständig neue Aufträge an Ihr Team heranzutragen oder die Marschrichtung wiederholt zu ändern. Sorgen Sie für verbindliche Zielvereinbarungen, die Orientierung vermitteln und eigenständiges, ergebnisorientiertes Arbeiten ermöglichen.

- Fördern Sie die Bildung von Arbeitsgruppen, in denen einzelne Mitarbeiter in Ihrem Team gemeinsam an Problemstellungen arbeiten. Bilden Sie Projektgruppen, in denen die jeweils besten Spezialisten nach Problemlösungen suchen. Denken Sie darüber nach, wann jeweils Einzelarbeit oder Gruppenarbeit effektiver ist.

- Führen Sie regelmäßige Teambesprechungen durch, in denen nicht nur fachliche Themen erörtert werden. Beleuchten Sie von Zeit zu Zeit auch neue oder veränderte Kundenerwartungen, den übergreifenden Teamauftrag und die Anforderungen aus der Wertschöpfungskette – etwa im Hinblick auf die Optimierung von Prozessen.

■ Erheben Sie regelmäßig ein Stimmungsbild im Team: Was läuft gut? Was könnte besser gemacht werden? Wo gibt es Reibungsverluste? Wie gestaltet sich die interne und externe Kommunikation? Wie ist der Zusammenhalt im Team? Konzentrieren Sie sich nicht nur auf die inhaltlich Auseinandersetzung mit fachlichen Fragen, sondern auch auf die Förderung des Teamgeistes. Stärken Sie die Dialog- und Feedbackkultur in Ihrem Team, indem Sie in Abteilungsmeetings ausdrücklich den Umgang miteinander zu einem eigenen Besprechungspunkt machen.

Wenn Sie als Teamleiter neu beginnen, haben Sie vielfältige Anforderungen zu bewältigen. Setzen Sie sich zunächst mit Ihrem eigenen Rollenwechsel gedanklich auseinander. Reflektieren Sie bewusst Ihre neuen Verantwortlichkeiten beim Übergang von der Fach- zur Führungsverantwortung. Ihre Aufmerksamkeit sollte nicht nur auf die fachlichen Prioritäten gerichtet sein, sondern vor allem darauf, Ihr Team aufzubauen und die einzelnen Mitarbeiter gemäß ihren Stärken und Potenzialen einzusetzen.

Nutzen Sie die Startphase, um Einzel- und Teamgespräche zu führen und Ihre Ziele und Erwartungen zu verdeutlichen. Nehmen Sie zugleich die Wünsche Ihrer Mitarbeiter auf und bemühen Sie sich, Jedem mit Respekt zu begegnen. Vermeiden Sie es, vorschnell Bewertungen vorzunehmen, die Einzelne als Kritik an ihrer Leistung oder ihrer Person interpretieren könnten. Wenn Sie sich mit Ihrem Team neu formieren, kommt es vor allem darauf an, Vertrauen aufzubauen und eine tragfähige Grundlage für eine konstruktive Zusammenarbeit zu schaffen.

Sofern Sie Ihre Mitarbeiter vor den Kopf stoßen oder unbedacht Veränderungen ankündigen, die sie später wieder in Frage stellen, verlieren Sie unnötig an Autorität und Glaubwürdigkeit. Gehen Sie anfänglich ohne Vorbehalte davon aus, dass jeder in Ihrem Team bereit ist, Leistung zu zeigen und innerlich gewillt ist, sich auf die neuen Bedingungen einzustellen. Gewähren Sie allen im Team einen Vertrauensvorschuss. Ihre Mitarbeiter werden eine gewisse Zeit benötigen, um sich an Sie als neuen Chef zu gewöhnen. Reibungsverluste sind dabei völlig normal. Nicht alles wird ohne Spannungen und Konflikte vonstatten gehen.

Gerade in der Anfangsphase ist das Risiko groß, dass Sie aus Unkenntnis der neuen Umfeldbedingungen heraus zu Fehleinschätzungen neigen. Bremsen Sie deshalb Ihren Enthusiasmus und vermeiden Sie überhöhte Erwartungen, was Sie in den ersten Wochen und Monaten alles erreichen können. Verzichten Sie auf voreilige Entschlüsse, die Sie später bereuen könnten. Beziehen Sie Ihren eigenen Vorgesetzten ein, bevor Sie eine Richtungsentscheidung treffen, die Sie später nicht ohne weiteres umkehren können.

Hören Sie sich die Sichtweisen Ihrer Teammitglieder zu fachlich-inhaltlichen Fragen in Ihrem Verantwortungsbereich an. Beziehen Sie erst danach selbst Stellung. Gewöhnen Sie sich daran, dass nicht Sie der beste Spezialist sind, sondern dass Sie als Vorgesetzter auf den Rat und die Unterstützung Ihrer Spezialisten setzen. Vermeiden Sie es, sich selbst durch Ihr Fachwissen in Szene zu setzen. Ermöglichen Sie eigenverantwortliche Teamarbeit und delegieren Sie so weit wie möglich. Vereinbaren Sie Ziele und Aufgabenschwerpunkte, beraten Sie bei der Umsetzung und überprüfen Sie erreichte Zwischenergebnisse in gemeinsam festgelegten unterjährigen Steuerungsgesprächen.

Unterlassen Sie nachträgliche Anweisungen, Korrekturen oder Eingriffe, wenn Sie Aufgaben delegiert haben. Dies erweckt eher den Eindruck, dass Sie am eigenverantwortlichen Handeln und am ernsthaften Engagement Ihrer Mitarbeiter Zweifel haben. Setzen Sie darauf, dass jeder versucht, einen guten Job zu machen, in seinem Metier kundig ist und Ihnen gegenüber loyal eingestellt ist.

So gehen Sie am besten vor:

Kümmern Sie sich um ein harmonisches Miteinander in Ihrem Team. Versuchen Sie, aufkeimende Konflikte frühzeitig zu erkennen und zu entschärfen. Ein hohes Maß an positiver Streitkultur ist durchaus erwünscht. Gebieten Sie jedoch Einhalt, sofern Sie Machtkämpfe, Intrigen oder rivalisierende Attacken unterhalb der Gürtellinie beobachten.

Setzen Sie frühzeitig Grenzen, wenn Einzelne sich nicht an die Spielregeln eines fairen Miteinanders halten. Bleiben Sie in nötigen Klärungsprozessen sachlich, ruhig und gelassen. Gehen Sie mit gutem Beispiel voran.

Anerkennen Sie positives Engagement und gezeigte Leistung. Verdeutlichen Sie durch klare Führung, dass Sie zu einer offenen und vertrauensvollen Kommunikation in Ihrem Team beitragen.

Wirken Sie auf ein ehrliches Miteinander hin, auch dann, wenn manchmal hart um den besten Lösungsansatz gefightet wird. Führung bedeutet nicht, Konflikte und Meinungsverschiedenheiten unter den Tisch zu kehren, auszuweichen oder alles der Gruppe zu überlassen.

Beziehen Sie bei anhaltenden Kontroversen selbst Stellung und sorgen Sie für klar Schiff. Streben Sie Gewinner-Gewinner-Lösungen an, ohne dass Einzelne einen Gesichtsverlust erleiden. Ein verbindliches, verantwortungsvolles Handeln als Führungskraft ist von Anfang an hilfreich, um Ihre persönliche Autorität zu stärken und die gemeinschaftliche Teamentwicklung zu fördern.

3. Kapitel

Fördern Sie eine Atmosphäre des Vertrauens, der Offenheit und des gegenseitigen Respekts

Als neuer Teamleiter stellt sich für Sie gleich zu Beginn die Frage, wie Sie den Teamgeist fördern und ein angenehmes Klima erzeugen. Fehlt der vertrauensvolle Umgang miteinander, werden Sie kaum ein Umfeld schaffen können, in dem sich Ihre Mitarbeiter wohlfühlen und gleichzeitig gute Leistungen erbringen. Es ist allerdings keineswegs so, dass in produktiven Teams immer alles harmonisch abläuft. Als Vorgesetzter brauchen Sie keinen „Schmusekurs" zu fahren, damit sich niemand auf den Schlips getreten fühlt. Wenn Sie als Chef eine bestimmte Richtung vorgeben, werden nicht unbedingt alle damit sofort einverstanden sein. Sie können es auch nicht immer jedem Recht machen.

In Ihrem Team wird es von Zeit Meinungsverschiedenheiten geben, die in der Natur der Sache liegen, wenn Sie gemeinsam mit Ihren Mitarbeiter ehrgeizige Ziele verfolgen. Emotionen gehören mit dazu, wenn mit Herzblut gearbeitet wird. Entscheidend ist jedoch, dass der Bogen nicht überspannt wird und alle am gleichen Strang ziehen. Als Führungskraft tragen Sie die Verantwortung dafür, dass jeder sich im Zaum hält und auf den anderen zugeht, wenn es einmal Dissens gibt. Niemand sollte den anderen unter der Gürtellinie attackieren. Viel hängt davon ab, wie Sie selbst reagieren, wenn beispielsweise in Arbeitsbesprechungen abweichende Sichtweisen aufeinanderprallen oder verschiedene Mentalitäten unter einen Hut gebracht werden müssen.

Gehen Sie schon von Anfang an in die Offensive, um alle mit an Bord zu holen und sich mit den unterschiedlichen Charakteren in Ihrem Team vertraut zu machen. Investieren Sie in die „Beziehungsarbeit" und suchen Sie Nähe zu Ihren Teammitgliedern. Lassen Sie nicht den Eindruck entstehen, Sie würden mit manchen im Team viel lieber zusammenarbeiten als mit anderen. Versuchen Sie, die persönlichen Arbeitsauffassungen Ihrer Mitarbeiter zu verstehen und so weit wie möglich zu respektieren. Streben Sie danach, alle im Team gleichermaßen fair zu behandeln. Würdigen Sie den Einsatz und den Leistungsbeitrag jedes Einzelnen – selbst wenn Sie manches in Ihrer eigenen Art vielleicht anders machen würden.

Gewähren Sie Gestaltungs- und Freiheitsspielräume, die dazu ermutigen, eigeninitiativ und zuversichtlich an komplexe Aufgabenstellungen heranzugehen. Nicht alles muss nach dem gleichen Schema abgearbeitet werden. Ganz im Gegenteil: Wenn sich unterschiedliche Naturelle und fachliche Herangehensweisen wirkungsvoll ergänzen, werden meist die besten Resultate erzielt. Entwickeln Sie eine hohe Toleranz für unterschiedliche Arbeitsstile, Denkansätze und Lösungsmethoden. Wirken Sie nicht darauf hin, dass Ihre Mitarbeiter stets einer Meinung sind. Gewöhnen Sie sich daran, dass eine gewisse Vielfalt an Auffassungen durchaus hilfreich ist, um Innovationen zu fördern. In der Psychologie wird diese Kompetenz auch „Ambiguitätstoleranz" genannt: die Fähigkeit, Mehrdeutiges zu ertragen und als Führungskraft nicht auf Uniformität in den Problembewertungen hinzuwirken. Ansonsten riskieren Sie, kreative Impulse eher zu behindern und damit in Ihrem Team lediglich Schmalspur-Lösungen hervorzubringen.

Würdigen Sie abweichende Sichtweisen Ihrer Mitarbeiter als Bereicherung. Wirken Sie darauf hin, dass solche Positionen in Arbeitsbesprechungen konstruktiv eingebracht werden, damit die anderen die vertretenen Argumente gut nachvollziehen können. Unterdrücken Sie nicht einzelne Beiträge von Teammitgliedern, die auf den ersten Blick unkonventionell, ungewöhnlich oder einseitig zu sein scheinen. Stellen Sie sicher, dass die Standpunkte im Team angehört und nach einer angemessenen Phase des Überdenkens einer näheren Prüfung unterzogen werden.

Vertrauen wird auch dadurch erzeugt, dass Sie als Führungskraft Gedankengänge nicht „abwürgen", wenn Sie oder einzelne Kollegen anscheinend anderer Auffassung sind. Respektieren Sie die jeweilige Person und anerkennen Sie deren Beitrag, selbst wenn Sie in der Sache einen anderen Standpunkt vertreten.

3.1 Ihr erster Tag als neuer Teamleiter

Wichtig:

Stellen Sie sich vor, dass Sie kürzlich zum Teamleiter ernannt worden sind und nun Ihren Job antreten. Gehen Sie davon aus, dass Ihr Team in dieser Zusammensetzung neu formiert worden ist. Als erstes möchten Sie gemeinsam mit Ihrem Team für einen guten Start sorgen. Ihr Team wurde bereits im Vorfeld darüber informiert, dass Sie die Teamleitung ab sofort übernehmen werden.

Es liegt nun an Ihnen, sinnvolle Schritte zu planen und den Kontakt zu Ihren Mitarbeitern zu suchen. Unabhängig davon, ob Sie neu im Unternehmen tätig sind oder aus den eigenen Reihen zum Teamleiter befördert wurden: Sie wollen Akzeptanz bei Ihren Mitarbeitern gewinnen und die Weichen dafür stellen, dass in der neuen Formation fruchtbar miteinander gearbeitet wird.

Gehen Sie davon aus, dass Sie Rückhalt bei Ihrem Vorgesetzten genießen, der Ihnen bereits die wesentlichen Arbeitsschwerpunkte verdeutlicht hat. Er wünscht sich von Ihnen, dass Sie nach einer ersten Bestandsaufnahme baldmöglichst darauf hinwirken, einen Beitrag zum Erreichen der übergeordneten strategischen Ziele zu leisten. Für Ihre Organisationseinheit sind herausfordernde Meilensteine definiert worden, die Ihnen Ihr Vorgesetzter ausführlich erläutert hat. In einem „Eckpunkte-Papier" für Ihren Verantwortungsbereich sind aus der Perspektive des Führungskreises bereits wünschenswerte Maßnahmen für die nächsten Monate beschrieben.

> **Wichtig:**
>
> Sie sind insofern im Bilde, worauf es künftig ankommt. Zudem haben Sie einige Vorgaben erhalten, die erkennen lassen, dass Sie Ihre Arbeit gut planen und strukturieren müssen, damit Sie die in Sie gesetzten Erwartungen erfüllen können. Etliche Termine, Dienstreisen und Projektmeetings sind bereits festgelegt worden. Sie werden über Arbeitsmangel nicht klagen können und sind darauf angewiesen, dass Ihr Team Sie frühzeitig unterstützt. Eine längere Anlaufphase ist für Sie nicht vorgesehen.
> Sie denken für sich: Am besten wäre es, wenn Sie in Ihrem Team sofort Arbeits- und Projektaufträge verteilen und festlegen, was bis wann zu erledigen ist …

In einer solchen Situation sind Sie von Anfang an gefordert, die Prioritäten konsequent zu setzen, um nicht den Überblick zu verlieren. Die Gefahr besteht darin, dass Sie schon vom ersten Tag an so viel auf dem Tisch haben, dass bei Ihnen bereits nach kurzem „Land unter" herrscht.

3.2 Wie können Sie die interne Kommunikation und Kooperation in Ihrem Team von Anbeginn unterstützen?

Falls Sie in eine vergleichbare Situation kommen, empfehle ich Ihnen, gleich von Anbeginn den direkten Kontakt zu Ihrem Team zu suchen. Hierzu finden Sie im Folgenden einige Vorschläge.

Überdenken Sie in Ruhe die an Sie gerichteten Erwartungen und Vorgaben. Behalten Sie das Heft in der Hand. Selbst dann, wenn Ihr Vorgesetzter für Sie schon Ziele und Vorschläge zu einzelnen Maßnahmen formuliert hat, überprüfen Sie kritisch, was Sie leisten können. Wahrscheinlich will Ihr Chef Ihnen die Arbeit erleichtern, indem er Ihnen als Neuling Ratschläge gibt, was Sie am besten zuerst tun sollten. Bedenken Sie aber, dass er nicht in Ihrer Haut steckt. Er schätzt unter Umständen Ihre Ressourcen und zeitlichen

Kapazitäten anders ein als Sie selbst. Vielleicht ist ihm nicht bewusst, dass Ihnen noch die Erfahrung fehlt und traut Ihnen deshalb mehr zu als Sie derzeit bereits leisten können. Überdenken Sie deshalb unbedingt seine Hinweise und geben Sie ihm zeitnah Rückmeldung, welche Aktivitäten Sie zunächst angehen werden.

Lassen Sie sich nicht verplanen. Erläutern Sie Ihre eigenen Sichtweisen, wenn Sie beispielsweise anders vorgehen wollen als Ihr Chef Ihnen dies empfiehlt. Verdeutlichen Sie, welchen Weg Sie einschlagen werden, um Ihre Ziele zu verfolgen. Wahrscheinlich meint Ihr Vorgesetzter es gut mit Ihnen, wenn er Ihnen ein bestimmtes Prozedere in der Führungsrolle nahelegt. Prüfen Sie gleich von Anfang an, worauf Sie sich konzentrieren und welche Schwerpunkte Sie setzen wollen. Überfordern Sie sich nicht, indem Sie sich zu viel zumuten und die Latte zu hoch hängen.

Führen Sie eine Sitzung mit Ihrem gesamten Team durch, in der Sie Ihr eigenes Verständnis der Leitungsrolle darlegen und Ihre Erwartungen an das Team verdeutlichen. Stellen Sie sich den Fragen Ihrer Teammitglieder und nehmen Sie sich die Zeit, darauf ausführlich zu antworten. Vermeiden Sie es jedoch, sich zu früh auf einen bestimmten Kurs festlegen zu lassen. Informieren Sie über Ihre eigenen Ziele und die gestellten Erwartungen an Ihre Organisationseinheit.

Äußern Sie sich gegenüber Ihrem Team nur dazu, was Sie bereits verbindlich und offen weitergeben dürfen. Seien Sie vorsichtig mit Ausführungen zu Absichten und Maßnahmen, die derzeit noch unbestimmt oder vorläufig sind. Bereits in der ersten Sitzung werden Sie daran gemessen, wie verlässlich Ihre Botschaften sind. Ihre Glaubwürdigkeit steht auf dem Spiel, wenn Sie Ankündigungen oder Zusagen machen, die Sie später wieder revidieren müssen. Halten Sie sich im Zweifelsfall bedeckt. Verweisen Sie darauf, dass Sie sich zunächst selbst ein Bild der Lage machen werden, bevor Sie Richtungsentscheidungen treffen.

Führen Sie ab sofort regelmäßige Abteilungsbesprechungen ein und bitten Sie um Sammlung der Themenwünsche im Vorfeld. Suchen Sie den kontinuierlichen Dialog mit Ihrem gesamten Team. Grenzen

Sie niemanden aus. Bitten Sie gleichzeitig um verbindliche Teilnahme. Achten Sie währenddessen auf die Erreichbarkeit Ihrer Abteilung, um z. B. die Bearbeitung von Kundenanfragen zu gewährleisten.

Vereinbaren Sie in den ersten Wochen Einzelgespräche mit sämtlichen Mitarbeitern. Planen Sie diese Gesprächstermine gleich von Anfang ein. Legen Sie einen Zeitkorridor fest, in dem Sie bevorzugt für Mitarbeitergespräche zur Verfügung stehen. Achten Sie darauf, dass Ihr Terminkalender frei disponierbare Zeit enthält. Ihr Team sollte nicht den Eindruck gewinnen, dass der Mitarbeiterdialog von Ihnen nur nachrangig praktiziert wird. Es wäre unglücklich, wenn Ihre Mitarbeiter Sie so erleben, dass Sie von Termin zu Termin hetzen, ohne sich um die Belange Ihres Teams zu kümmern.

Bilden Sie Arbeits- und Projektgruppen, in denen Ihre Mitarbeiter gemeinsam an Problemlösungen arbeiten. Unterstützen Sie eigenverantwortliche Teamarbeit, die auch ohne Ihre direkte Einflussnahme erfolgt. Fördern Sie eine weitreichende Selbstorganisation Ihrer Teammitglieder. Lassen Sie Ihre Mitarbeiter selbst entscheiden, wie sie ein Problem oder eine Aufgabe angehen wollen. Mischen Sie sich nicht in die Umsetzung ein. Bieten Sie stattdessen bei Bedarf Beratung ein. Vereinbaren Sie realistische Meilensteine. Halten Sie fest, wann Sie wieder mit Ihren Mitarbeitern, Ihrem Team oder einzelnen Arbeitsgruppen zusammentreffen, um über Zwischenergebnisse, nötige Unterstützungsmaßnahmen oder nächste Schritte zu sprechen.

Achten Sie auf Ihre eigene Erreichbarkeit, wenn Mitarbeiter den Kontakt zu Ihnen suchen. Falls bei Ihnen stets eine „offene Tür" herrschen soll, kommt es darauf an, dass Sie tatsächlich in einer überschaubaren Zeitspanne ansprechbar sind. Machen Sie deutlich, dass Sie sich baldmöglichst melden werden, sofern Sie abwesend sind oder wichtige andere Termine haben. Lassen Sie Ihre Mitarbeiter nicht unnötig warten, wenn die Betreffenden mit Ihnen reden möchten. Vermitteln Sie den Eindruck, dass Sie sich ernsthaft bemühen, baldmöglichst zur Stelle zu sein, wenn Einzelne mit Ihnen sprechen wollen.

Führen Sie ein koordiniertes Zeit- und Projektmanagement in Ihrem Team ein. Schaffen Sie Transparenz über die Termine und Aktivitäten, die im Team gemeinschaftlich verfolgt werden. Eröffnen Sie Ihren Mitarbeitern die Möglichkeit, gemäß den vereinbarten Zielen und Aufgabenschwerpunkten eigenständig tätig zu werden. Gewähren Sie Freiräume zur selbst gesteuerten Teamarbeit. Ermöglichen Sie eine direkte horizontale Kommunikation auch ohne ihre unmittelbare Einbeziehung. Setzen Sie darauf, dass Ihre Mitarbeiter gemäß den eigenen Fähigkeiten und fachlichen Zuständigkeiten selbst entscheiden können, mit wem Sie wann kooperieren, um bestmögliche Lösungen zu erarbeiten.

3.3 Wie bauen Sie durch persönliche Gespräche mit Ihren Mitarbeitern Vertrauen auf?

Nutzen Sie die Chance, gleich zu Beginn Ihrer neuen Aufgabe als Teamleiter den Dialog mit Ihren Mitarbeitern zu suchen. Warten Sie nicht ab, bis es einen Anlass aus dem Tagesgeschäft heraus gibt. Planen Sie stattdessen ein ausführliches Einzelgespräch mit jedem Ihrer Mitarbeiter. Gehen Sie auf Ihre neuen Teammitglieder zu und senden Sie das Signal, dass Sie an einer offenen und vertrauensvollen Zusammenarbeit interessiert sind. Begegnen Sie Ihren Mitarbeiter mit Respekt und Wertschätzung. Nehmen Sie sich die Zeit, jeden Einzelnen näher kennenzulernen.

Machen Sie sich ein Bild vom individuellen Aufgabenumfeld und den fachlichen Kompetenzen jedes Teammitglieds. Zeigen Sie ein offenes Ohr für persönliche Belange, die an Sie herangetragen werden – seien es Anregungen und Verbesserungsvorschläge, Hinweise zu Schwachstellen oder Sorgen und Ängste, die Ihre Mitarbeiter beschäftigen. Setzen Sie sich auch mit vorgetragenen Anliegen auseinander, die über den Arbeitsplatz und dessen Gestaltung im engeren Sinne hinausgehen. Sie sind als Führungskraft nicht nur Ansprechpartner für die Aufgabenerledigung und die erzielte Leistung, sondern für den Menschen als Ganzes.

Wenn Sie die Jobmotivation Ihrer Mitarbeiter fördern wollen, lohnt es sich, den Dialog im Mitarbeitergespräch nicht nur auf fachliche Fragen zu begrenzen, sondern gerade auch atmosphärische und zwischenmenschliche Belange anzusprechen. Beleuchten Sie das Klima im Team, die Arbeitszufriedenheit und das persönliche Wohlbefinden. Denken Sie gleichermaßen daran, dass außerberufliche Faktoren, z. B. die individuelle Lebenssituation, das familiäre Umfeld, die Partnerschaft oder private Belastungsfaktoren, einen erheblichen Einfluss auf das Engagement und die Leistung haben. Drängen Sie Ihre Mitarbeiter jedoch keinesfalls dazu, sich zu vertraulichen und persönlichen Themen Ihnen gegenüber zu öffnen. Der Einzelne sollte hierzu selbst die Initiative ergreifen, sofern er es wünscht. Sie tun allerdings gut daran, ihre Gesprächsangebot zu verdeutlichen.

> **Wichtig:**
>
> Unmittelbar nach Antritt Ihrer Leitungsaufgabe bieten Sie jedem Ihrer Mitarbeiter ein vertrauliches Einzelgespräch an. Sie reservieren hierzu genügend Pufferzeit in Ihrem Terminkalender und bitten jedes Teammitglied in den ersten Wochen um einen Gesprächstermin, der außerhalb des hektischen Tagesgeschäftes angesiedelt ist. Sie planen jeweils ein bis zwei Stunden ein und lassen nach hinten etwas Luft, damit Sie nicht in Zeitdruck geraten.

Achten Sie darauf, Einzelgespräche frühzeitig mit jedem Teammitglied zu vereinbaren. Je länger Sie damit warten, desto schwieriger wird es, bei der Fülle der voraussichtlich anstehenden Verpflichtungen noch genügend Zeit dafür zu finden. Es wäre unbefriedigend, wenn Sie etliche Wochen verstreichen lassen und sich dann daran erinnern, dass Sie eigentlich Mitarbeitergespräche führen wollten – aber doch keine Zeit dafür gefunden haben. Stellen Sie sich darauf ein, dass Ihre Mitarbeiter von Anbeginn genau beobachten werden, was Sie tun – und was nicht.

Wenn der Eindruck entsteht, dass plötzlich alles andere wichtiger geworden ist, wäre dies für Sie ein unbefriedigender Einstand. Bei Ihren Mitarbeitern könnte sich das Gefühl entwickeln, dass Sie es anscheinend nicht so genau nehmen mit einer guten Mitarbeiterführung. Schnell macht sich Enttäuschung breit und Ihre Mitarbeiter erleben es womöglich so, dass Sie andere Prioritäten setzen. Sie müssen sich vielleicht sogar spontane Kritik gefallen lassen: Die Worte höre ich wohl, allein mir fehlt der Glaube... Stehen Sie zu dem, was Sie als Anspruch an Ihren eigenen Führungsstil richten. Beweisen Sie Ihre Führungskompetenz durch gelebtes Handeln, gerade indem Sie Mitarbeitergespräche ernst nehmen.

Wichtig:

Gestalten Sie die ersten Gespräche mit jedem Teammitglied so, dass eine tragfähige Grundlage für eine vertrauensvolle und konstruktive Zusammenarbeit geschaffen wird.

Beachten Sie hierzu die folgenden Hinweise.

Stellen Sie einen angenehmen, ruhigen und ungestörten Gesprächsrahmen her. Suchen Sie nach einem geeigneten neutralen Raum, in dem Sie am besten an einem runden Tisch mit Ihren Mitarbeitern unter vier Augen sprechen können. Bieten Sie Getränke an. Sorgen Sie dafür, dass Sie während des Gesprächs nicht gestört werden. Verzichten Sie auf Telefonate und Unterbrechungen während des Mitarbeitergesprächs. Schirmen Sie sich ab und lenken Sie Ihre Aufmerksamkeit vollständig auf Ihr Gegenüber und den vertieften Dialog.

Eröffnen Sie das Gespräch in freundlicher Weise und verdeutlichen Sie Ihr Anliegen. Erläutern Sie, dass Sie gerne über wechselseitige Erwartungen an die Zusammenarbeit sprechen möchten. Machen Sie deutlich, dass Sie für die persönlichen Wünsche und Interessen Ihrer Mitarbeiter aufgeschlossen sind und sich über die Umfeldbedingungen an jedem Arbeitsplatz näher orientieren wollen.

Lassen Sie erkennen, dass Ihnen eine direkte Kommunikation und ein vertrauensvolles Miteinander im Team wichtig sind. Erläutern Sie, dass Sie gerne jeden Mitarbeiter näher kennenlernen möchten. Liefern Sie auch Hintergrundinformationen zu Ihrer eigenen Person und Ihren bisherigen Erfahrungen. Verdeutlichen Sie Ihren Auftrag mit Bezug auf die Ziele der Organisationseinheit und die Erwartungen Ihrer Vorgesetzten.

Achten Sie auf ausgewogene Gesprächsanteile. Verzichten Sie auf Monologe. Stellen Sie öffnende Fragen, die Ihrem Gegenüber die Möglichkeit geben, eigene Sichtweisen, Wünsche und Bedürfnisse darzustellen. Betonen Sie, dass Sie an einem vertrauensvollen Miteinander interessiert sind und sich um ein gutes Teamklima und die Zufriedenheit Ihrer Mitarbeiter kümmern werden.

Lassen Sie sich einzelne Aufgabenschwerpunkte und Tätigkeitsinhalte beschreiben. Weisen Sie darauf hin, dass Sie gerne als Ansprechpartner bei Fragen Ihrer Mitarbeiter zur Verfügung stehen. Bieten Sie Ihre Unterstützung bei persönlichen Belangen an, die auch über das engere Arbeitsumfeld hinaus reichen. Signalisieren Sie Ihre Bereitschaft, sich mit den Sorgen und Nöten Ihrer Mitarbeiter zu befassen und eventuell vorhandene Belastungsfaktoren am individuellen Arbeitsplatz im Rahmen Ihrer Möglichkeiten zu entschärfen.

Hören Sie achtsam zu, um zu verstehen, welche Wünsche und Erwartungen Ihre Mitarbeiter an Sie als Führungskraft herantragen. Stellen Sie heraus, dass Sie gerne persönliches Feedback als Teamleiter entgegennehmen werden und sich für die Meinung Ihrer Mitarbeiter zu Ihrem Führungsstil interessieren.

Verzichten Sie auf vorschnelle Bewertungen, Kritik an der Vergangenheit oder spontane Stellungnahmen zu sensiblen Fragestellungen, die Sie noch nicht hinreichend reflektiert haben. Das heißt nicht, dass Sie als Führungskraft keine Position beziehen sollen. Bedenken Sie jedoch, dass Sie Ihren Job gerade angetreten haben und sich deshalb besser nicht bereits in den ersten Tagen übereilt festlegen. Erläutern Sie, dass Sie sich zunächst ein Bild der Lage in Ihrem Verantwortungsbereich machen werden.

Werben Sie dafür, wechselseitig ohne Vorbehalte aufeinander zuzugehen. Machen Sie deutlich, dass Sie gerne Ihren Beitrag dafür leisten, um die Zusammenarbeit und die Kommunikation im Team so fruchtbar wie möglich zu gestalten. Dazu gehört, dass Sie mit jedem

Einzelnen im Laufe der Wochen über künftige Aufgabenschwerpunkte und Ziele sprechen werden.

Machen Sie sichtbar, dass Sie eigenverantwortliches Arbeiten im Team fördern und regelmäßige Gespräche zur Unterstützung, Qualifizierung und beruflichen Weiterentwicklung Ihrer Mitarbeiter einplanen. Erläutern Sie, dass Sie umfassende Entscheidungs- und Gestaltungsspielräume gewähren, damit jeder im Rahmen seiner Kompetenzen auf kundengerechte Problemlösungen und gute Arbeitsergebnisse hinwirken kann.

Beenden Sie das Gespräch mit einem Ausblick auf die nächsten Wochen. Skizzieren Sie in groben Umrissen Ihre Vorhaben als Teamleiter. Weisen Sie darauf hin, dass Sie für weitere Gespräche bei Bedarf auch kurzfristig zur Verfügung stehen. Signalisieren Sie, dass Sie für im Nachhinein aufkommende Fragen offen sind und hierzu gerne jederzeit angesprochen werden können. Erläutern Sie, wann und wie Sie am besten zu erreichen sind, falls beispielsweise Dienstreisen, externe Termine oder betrieblich bedingte Abwesenheitszeiten anstehen.

> ## So fördern Sie ein positives Teamklima durch konstruktive Besprechungen im Team:
>
> Sie nehmen sich vor, nicht nur Einzelgespräche mit Ihren Mitarbeitern zu führen, sondern von Anfang an auch Besprechungen mit Ihrem Team systematisch abzuhalten.

Im Mittelpunkt steht bei Teambesprechungen vor allem der fachliche Austausch und die Klärung von inhaltlichen Fragestellungen im Tagesgeschäft gemeinsam mit den Mitgliedern Ihres Teams. Gleichermaßen wichtig ist es, eine gute Kommunikation im Team zu fördern, indem über den Umgang miteinander, mögliche Reibungsverluste und Verbesserungsmöglichkeiten in der Zusammenarbeit gesprochen wird. Es ist nicht immer sinnvoll, sämtliche zu bearbeitenden Themen mit dem gesamten Team zu vertiefen. Wenn Sie jedoch Besprechungspunkte nur mit einer Teilgruppe in Ihrem Team erörtern, sollte es dafür gute Gründe geben. Ansonsten riskieren

Sie, dass Einzelne sich vom Informationsfluss ausgeschlossen fühlen. Später wird eventuell bemängelt, dass die Betreffenden bei der Vorbereitung von Entscheidungen oder bei der Planung anstehender Aktivitäten nicht hinreichend einbezogen worden sind.

Ich empfehle Ihnen, regelmäßig Besprechungen mit dem gesamten Team durchzuführen, z. B. im vierwöchigen Rhythmus. Legen Sie den jeweils zweckmäßigen Zeitabstand in Abstimmung mit Ihrem Team so fest, dass eine Sitzung nicht mit zu vielen einzelnen Themen überfrachtet wird. Es sollte genügend Zeit zur Verfügung stehen, damit die Besprechungspunkte in Ruhe behandelt werden können. Da eine anhaltende Aufmerksamkeit nur begrenzt über eine längere Zeitspanne aufrechterhalten werden kann und das Zeitbudget der Beteiligten aufgrund des anfallenden Tagesgeschäftes knapp bemessen ist, sind konzentrierte Besprechungen zu bevorzugen. Beispielsweise kann eine Besprechungsdauer von 90 Minuten – oder 180 Minuten mit Pause – sinnvoll sein. Längere Meetings sind meist weniger produktiv. Machen Sie lieber einen neuen Termin, wenn Sie den Eindruck gewinnen, dass weiterer Besprechungsbedarf besteht.

Bitten Sie die Teammitglieder, ihre Themenwünsche im Vorfeld mitzuteilen. Lassen Sie alle Themenvorschläge zu, entscheiden Sie aber gemeinsam zu Beginn der Besprechung, was vorrangig zu behandeln ist. Nehmen Sie auch neue Themenvorschläge am Anfang Ihres Meetings auf. Benennen Sie am besten einen Moderator, der den Sitzungsablauf strukturiert und wichtige Punkte auf Flipchart, Wandtafel oder einem elektronischen Medium gut sichtbar für alle festhält.

Gestalten Sie den **Ablauf** beispielsweise wie folgt:

(1) Legen Sie am Anfang gemeinsam mit der Gruppe fest, welche Besprechungspunkte in welcher Reihenfolge abgearbeitet werden. Schätzen Sie jeweils den ungefähren Zeitaufwand und notieren Sie diesen hinter den einzelnen Besprechungspunkten. Sie sehen dann sofort, ob der zeitliche Rahmen des Meetings ausreichend ist, um alle Themen zu behandeln. Falls die Zeit knapp ist, entscheiden Sie, welche Themen bevorzugt behandelt oder vorerst zurückgestellt werden.

(2) Gehen Sie die einzelnen Besprechungspunkte nacheinander gemeinsam mit Ihrem Team durch. Lassen Sie zu jedem Thema zunächst denjenigen, der den Besprechungspunkt eingebracht hat, erläutern, worum es ihm geht und was aus seiner Sicht erreicht werden soll. Ermöglichen Sie eine offene Diskussion und halten Sie sich selbst mit Ihren Redebeiträgen zurück. Es ist wichtig, dass Ihre Mitarbeiter zu Wort kommen und ihre eigenen Sichtweisen darstellen können. Vorrangig sollten sich die jeweiligen Spezialisten in Ihrem Team äußern. Vermeiden Sie unbedingt den Eindruck, dass Sie die Besprechung dominieren wollen und selbst Monologe halten, oder dass nur Ihre Meinung zählt.

(3) Sorgen Sie dafür, dass Besprechungsergebnisse dokumentiert werden, z. B. auf Flipchart oder Pinwand. Vereinbaren Sie jeweils, wer was (mit wem) und bis wann übernehmen wird. Halten Sie gleichermaßen gesammelte Erkenntnisse zu wichtigen Besprechungspunkten fest, für die ein Konsens in der Gruppe erzielt worden ist. Vermerken Sie auch offene Fragen, die noch geklärt werden müssen.

(4) Die Protokollierung im Verlaufe der Teambesprechung übertragen Sie am besten dem Moderator, der sich gleichzeitig in der inhaltlichen Diskussion zurücknehmen sollte. Sofern sich der Moderator bei einem Besprechungspunkt selbst am Gedankenaustausch in der Gruppe aktiv beteiligt, bittet er am besten ein anderes Gruppenmitglied, die Moderation stellvertretend zu übernehmen. Der Moderator kann von Sitzung zu Sitzung wechseln, damit nicht ein Einzelner ständig diese Aufgabe ausübt. Sie können auch selbst die Rolle des Moderators übernehmen, z. B. dann, wenn Sie inhaltlich in der Diskussion weniger stark gefordert sind.

(5) Wirken Sie darauf hin, dass Diskussionen nicht ausufern oder unkontrolliert verlaufen. Begrenzen Sie die Redezeit, falls dies erforderlich ist – etwa wenn Vielredner kein Ende finden, Einzelne nicht mehr zu Wort kommen oder die Produktivität des Team-Meetings leidet. Gebieten Sie Einhalt, wenn sich ein Redebeitrag zum Monolog entwickelt. Bitten Sie auch Mitarbeiter, die sich im

Besprechungsverlauf noch nicht geäußert haben, um ihre Meinung – vor allem dann, wenn deren fachliche Einschätzung wichtig für eine ausgewogene Meinungsbildung sein könnte.

(6) Achten Sie darauf, dass dokumentierte Besprechungsergebnisse von allen mitgetragen werden. Üben Sie keinen Druck auf Einzelne aus. Setzen Sie auf Konsens und gemeinschaftliche Verabschiedung von Arbeitsergebnissen. Zwingen Sie niemanden, sich um die Umsetzung zu kümmern, wenn der Betreffende damit nicht einverstanden ist. Bei wichtigen betrieblichen Erfordernissen reden Sie ggf. vorher nochmals gesondert mit ihm, um eine Lösung zu finden. Bei kontroversen Diskussionen und fehlender Einigung in der Gruppe stellen Sie am besten die abweichenden Positionen gegenüber. Wirken Sie darauf hinein, dass strittige Positionen nochmals überdacht werden und eine Entscheidung zu späterem Zeitpunkt herbeigeführt wird. Lassen Sie abweichende Sichtweisen zu und bekennen Sie sich zu einer positiven Streitkultur, statt kritische Auffassungen unter den Tisch zu kehren.

(7) Fördern Sie das Arbeiten in Kleingruppen in Ihrem Team. Es wirkt sich oft positiv auf die Lösungsqualität aus, wenn fachlich kompetente Mitarbeiter interdisziplinär an Problemlösungen herangehen. Wählen Sie im Vorfeld die jeweils am besten hierfür geeigneten Spezialisten aus. Überlegen Sie im Einzelfall, wann eine Teamarbeit gegenüber einer Einzelarbeit zu bevorzugen ist. Bedenken Sie die beschränkten Kapazitäten Ihrer Mitarbeiter. Grenzen Sie niemanden aus und geben Sie auch Assistenzmitarbeitern und Sachbearbeitern die Chance, an Gruppenarbeiten oder Arbeitskreisen mitzuwirken. Konstruktive Teamarbeit hat meist einen motivierenden Charakter und stützt zugleich den Zusammenhalt in Ihrer Organisationseinheit.

(8) Beziehen Sie bei Bedarf Mitarbeiter aus angrenzenden Abteilungen bei Besprechungen ein. Häufig sind die Schnittstellen zu Nachbarbereichen ein Grund für Reibungsverluste in der Wertschöpfungskette. Denken Sie nicht nur an die fruchtbare Kommunikation in Ihrem eigenen Team, sondern gerade auch an eine effektive Abstimmung über Bereichsgrenzen hinweg. Laden

Sie einen Experten aus einer Nachbarabteilung als Gast ein, wenn er für ein spezifisches Problem einen nützlichen Beitrag leisten kann.

Werden Sie sich darüber bewusst, dass eine gute Zusammenarbeit in Ihrem Team eine entscheidende Voraussetzung für Ihren eigenen Erfolg ist. Es reicht nicht aus, dass jeder nur für sich effektiv arbeitet. Erst durch eine wohldurchdachte interne Vernetzung der Einzelleistungen werden anspruchsvolle fachliche und kundenbezogene Problemstellungen effektiv bearbeitet. Denken Sie beispielsweise an die rationelle Abwicklung von Aufträgen, an den professionellen Umgang mit Beschwerden oder an die Anbahnung von Neugeschäft beim Kunden. Meist sind hierfür überzeugende Teamleistungen gefragt, die eine wirkungsvolle Kommunikation in Ihrer Abteilung voraussetzen.

Wenn Sie Einzelkämpfer heranzüchten oder nur den Dialog mit ausgewählten Mitarbeitern suchen, werden Sie kaum Ihre Ziele erreichen. Kümmern Sie sich in Ihrer eigenen Weiterqualifizierung darum, dass Sie sich das nötige Rüstzeug für die professionelle Moderation von Teambesprechungen nach und nach aneignen. Gerade als Teamleiter sind Sie darauf angewiesen, Arbeitsergebnisse in der Gruppe herbeizuführen, ohne selbst die fachliche Kompetenz für die unmittelbare Mitwirkung an den Problemstellungen zu besitzen. Es kommt entscheidend darauf an, dass Sie Gruppenprozesse überzeugend steuern können, ohne als Fachmann oder Fachfrau in die Lösungserarbeitung einzugreifen.

3.4 Wie können Sie die Dialog- und Feedback-kultur in Ihrem Team günstig beeinflussen?

Nachfolgend finden Sie einen Überblick zu verschiedenen Gesprächsvarianten, die Sie im gesamten Team oder mit einzelnen Mitarbeitern einsetzen können. Manche Gespräche lassen sich unter Umständen auch bündeln. Führen Sie aber im Zweifelsfall mit Ihren Mitarbeitern lieber ein Gespräch mehr als eines zu wenig durch. Achten Sie auf eine flexible Gestaltungsform, d. h. auf die Gesprächsgestaltung nach Bedarf im Hinblick auf Mitwirkende, Ablauf, Dauer und Ergebnisdokumentation. Beziehen Sie diejenigen Mitarbeiter ein, die jeweils einen produktiven Beitrag leisten können.

Wichtig:

Planen Sie genügend Zeit für die einzelnen Gespräche ein, auch zur Vor- und Nachbereitung. Reservieren Sie im voraus Pufferzeiten in Ihrem Terminkalender.
Schaffen Sie ein ausgewogenes Gleichgewicht zwischen Terminen im Tagesgeschäft – z. B. Dienstreisen, Meetings, Kundengesprächen – und internen Mitarbeiter- und Teambesprechungen.
Investieren Sie in den kontinuierlichen Dialog mit Ihren Mitarbeitern. Fördern Sie durch Ihre gezielte Gesprächsinitiative die Teamatmosphäre und die wechselseitige Vertrauensbildung.

Was?	Mit wem?	Nutzen?	Bis wann?
Startrunde mit dem gesamten Team	Alle Mitarbeiter	Vorstellung, Klären von Erwartungen, Besprechen des gemeinsamen Teamauftrags	Baldmöglichst, innerhalb der ersten Tage
Vertrauliche Gespräche zum Einstieg	Alle Mitarbeiter, Einzelgespräche	Klären von persönlichen Erwartungen und Zielen, Schaffen einer positiven Arbeitsgrundlage, Vertrauensbildung	Innerhalb der ersten Wochen
Strukturierte Teambesprechungen	Alle Mitarbeiter	Fachlicher Austausch, Förderung der Kommunikation im Team	Regelmäßig, ab sofort, mindestens einmal innerhalb von 4 – 6 Wochen.
Besprechungen in Kleingruppen, Projektgruppen und Arbeitskreisen	Fachlich zuständige Mitarbeiter, auch ohne Teamleiter	Förderung der interdisziplinären Zusammenarbeit	Nach Bedarf, Festlegung durch die beteiligten Mitarbeiter
Zielvereinbarungen und Festlegung von individuellen Aufgabenschwerpunkten	Alle Mitarbeiter, Einzel- und Teamgespräche	Prioritätensetzung, Definition von Meilensteinen und Erfolgskriterien	Innerhalb der ersten Monate, Vereinbarung von Team- und/ oder Individualzielen

Was?	Mit wem?	Nutzen?	Bis wann?
Coaching- und Meilenstein-Gespräche	Alle Mitarbeiter, Einzel- und Teamgespräche	Unterstützung und Beratung bei der Erledigung fachlicher Aufgaben, vorrangig für weniger erfahrene Mitarbeiter	Bei Bedarf, unterjährig
Rückmeldegespräche, Zielbewertungsgespräche	Alle Mitarbeiter, Einzel- und Teamgespräche	Feedback zu Einsatz, Arbeitsmethodik, Leistung und Zielerreichung	Unterjährig, am Ende des Jahres bzw. Zielvereinbarungszyklus
Strukturierte Mitarbeitergespräche	Alle Mitarbeiter, Einzelgespräche	Gemeinsame Standortbestimmung, Förderung der Mitarbeiterzufriedenheit	Mindestens einmal jährlich
Personalentwicklungs- und Perspektivgespräche	Alle Mitarbeiter, Einzelgespräche	Planung von Unterstützungs-, Qualifizierungs- und Fördermaßnahmen	Mindestens einmal jährlich

4. Kapitel

Entschärfen Sie aufkeimende Konflikte

Konflikte entstehen, wenn unterschiedliche Sichtweisen aufeinanderprallen und die Beteiligten keinen Konsens erzielen können. Oftmals verhärten sich die Positionen, wenn die Parteien nicht aufeinander zugehen und ein aufkommender Konflikt nicht frühzeitig bereinigt wird. Bei zunehmender Eskalation besteht die Gefahr, dass nicht mehr sachlich miteinander diskutiert wird. Statt in Ruhe über die abweichenden Auffassungen zu sprechen, kommen häufig negative Gefühle wie Aggressivität, Ärger, Wut oder Enttäuschung auf. Dies behindert den konstruktiven Gedankenaustausch und die gemeinsame Lösungsfindung. Bei weiterer Verschärfung eines Konflikts versuchen die Konfliktparteien womöglich mit allen Mitteln, ihre eigenen Interessen durchzusetzen.

Das Aufschaukeln von Konflikten kann dazu führen, dass subtile taktische Manöver eingeleitet und Machtpositionen ausgespielt werden. Manchmal hat dies sogar Attacken „unterhalb der Gürtellinie" zur Folge, bei denen Verletzungen des Gegenübers in Kauf genommen werden. Im Extremfall, d. h. bei massiver Konflikteskalation, spielen die inhaltlichen Positionen gar keine Rolle mehr. Es kommt dann nur noch darauf an, sich endgültig als Sieger durchzusetzen und dem anderen eine persönliche Niederlage zuzufügen.

Anhaltend schwelende Konflikte können die konstruktive Zusammenarbeit und die offene Kommunikation in Teams nachhaltig behindern. Manche Konflikte neigen dazu, sich weiter auszubreiten:

Es werden Dritte in den Konflikt hineingezogen und Arbeitsabläufe behindert und Reibungsverluste erzeugt. Die Auseinandersetzung mit den Konfliktinhalten bindet Ressourcen und fokussiert die Aufmerksamkeit der Konfliktparteien auf das Konfliktgeschehen. Die Produktivität eines Teams leidet darunter spürbar.

Bei verhärteten Positionen überlagern die Konflikte die gesamte Kommunikationsstruktur. Nachbarbereiche und Außenstehende nehmen meist rasch wahr, dass „etwas im Umgang miteinander nicht stimmt". Sofern die Beteiligten sich dann auch noch offen streiten und in lautem Ton Ihre Sichtweisen artikulieren, löst dies erhebliche Irritationen aus. Insbesondere wenn Konflikte direkt im Dialog mit Kunden ausgetragen werden, gefährdet dies vorhandene Geschäftsbeziehungen und kann sogar weiter ausstrahlen. Der Ruf des Unternehmens wird unmittelbar gefährdet. Denken Sie beispielsweise daran, dass verstörte Kunden gegenüber Dritten über ihre Eindrücke sprechen oder die Geschäftsbeziehung abbrechen.

Aber selbst wenn Kunden nicht direkt involviert sind, ist jeder Konflikt im Team ein ernstzunehmender Anlass, um die Kommunikation untereinander zu überprüfen. Als Teamleiter tragen Sie die Verantwortung, sich darum zu kümmern, wenn Konflikte sich aufbauschen und die Streithähne selbst anscheinend nicht in der Lage sind, wieder zu einem moderaten Ton zu finden. Nehmen Sie sich deshalb einem aufkeimenden Konflikt frühzeitig an und suchen Sie gemeinsam mit den Beteiligten nach einem Lösungsansatz. Wenn Sie der Eskalation von Konflikten in Ihrem Team nicht wirksam begegnen, wird dies nicht zuletzt auch auf Sie zurückfallen. Manche werden denken oder sogar offen äußern: „Warum hat die Führungskraft sich nicht um den Zankapfel gekümmert? Warum lässt sie einfach ‚alles laufen'? Wieso ergreift sie nicht die Initiative, um die Beteiligten zur Räson zu bringen?"

4.1 Wie tragen Sie dazu bei, dass Konflikte konstruktiv beigelegt werden?

BEISPIEL: In Ihrem Team gibt es in letzter Zeit häufiger Reibereien zwischen zwei Kollegen, die unmittelbar zusammenarbeiten. Die beiden Mitarbeiter sind verantwortlich für die Bearbeitung des Auftragseingangs und bereiten neue Kundenverträge vor.

Die „Chemie" scheint nicht mehr so gut wie früher zu sein. Es gibt öfter Meinungsverschiedenheiten, die teilweise heftig ausgetragen werden. Es sind anscheinend Lappalien, die das Fass zum Überlaufen bringen. Die Stimmung ist angespannt und gereizt. Einzelne Kollegen haben schon versucht, zu vermitteln – bisher aber ohne Erfolg.

Als Teamleiter sind Sie auf die Auseinandersetzungen zwischen den beiden noch gar nicht aufmerksam geworden. Die Abläufe wurden bisher nicht erkennbar gestört. Die Arbeitsergebnisse waren in der Vergangenheit anscheinend einwandfrei. Ihnen wurde jedoch kürzlich aus dem Team zugetragen, dass bei den beiden in letzter Zeit „dicke Luft" herrscht. Sie überlegen, wie Sie am besten vorgehen können.

Wenn Sie als Teamleiter von anhaltenden Meinungsverschiedenheiten zwischen einzelnen Teammitgliedern erfahren, können Sie dies nicht einfach ignorieren. Zwar kann sich alles als harmlos herausstellen. Vielleicht entspannt sich die Situation sogar nach wenigen Tagen wieder. Aber da bereits Teamkollegen darauf aufmerksam geworden sind und Sie nun darüber informiert wurden, besteht Handlungsbedarf. Offensichtlich gab es in Ihrer Anwesenheit bisher keine für Sie wahrnehmbaren Reibereien. Sie können jedoch die Situation nicht auf die leichte Schulter nehmen. Die Spannungen weiten sich möglicherweise aus. Kurz- oder mittelfristig leidet darunter wahrscheinlich auch die Produktivität in Ihrer Abteilung. Welche Handlungsmöglichkeiten gibt es nun für Sie?

Ein möglicher Ansatz besteht darin, dass Sie das direkte Gespräch mit den beiden Kollegen suchen, um herauszufinden, warum die beiden derzeit nicht miteinander klar kommen. Allerdings ist Vorsicht geboten: Sie haben nur aus zweiter Hand von dem Konflikt gehört. Ihnen wurde lediglich von Kollegen zugetragen, dass es Spannungen gibt. Machen Sie sich deshalb selbst ein Bild, wie die Situation sich tatsächlich darstellt.

Sie können die beiden z. B. bei einer bevorstehenden Arbeitsbesprechung auf den vermuteten Konflikt ansprechen. Fallen Sie dabei aber nicht mit der Tür ins Haus. Suchen Sie nach einem passenden Gesprächseinstieg. Es wäre ungünstig, wenn Sie darauf hinweisen, dass Ihnen von einem Kollegen zugetragen wurde, dass es Meinungsverschiedenheiten gibt. Ansonsten könnte die erste Reaktion lauten: Von wem haben Sie diese Information? Wer behauptet dies? Prompt wären Sie in einer unglücklichen Lage. Zwar müssen Sie zunächst nicht den Namen des betreffenden Mitarbeiters nennen, aber wahrscheinlich kommen Sie nicht umhin, über kurz oder lang Farbe zu bekennen. Bedenken Sie: Vielleicht handelt es sich nur um ein Gerücht oder um eine subjektive Wahrnehmung, die sie nicht unbedingt gleich für bare Münze nehmen dürfen.

Fragen Sie die beiden Kollegen vertraulich unter sechs Augen, wie die Zusammenarbeit derzeit läuft und ob es Dinge gibt, die über Fachfragen hinaus zu besprechen sind. Lassen Sie die beiden Kollegen die Initiative ergreifen. Es ist besser, wenn Sie aus erster Hand über die vermuteten Spannungen informiert werden, als dass Sie dazu weitere Recherchen anstellen.

Sofern die beiden Kollegen sich offen äußeren, bieten Sie Ihre Unterstützung zur Klärung an. Es können Kleinigkeiten sein, die sich rasch unter Ihrer Mithilfe regeln lassen – etwa ein leicht umzustellender Arbeitsablauf oder eine unklare Aufgabenverteilung. Hinter den Reibereien kann sich aber auch ein tieferliegender Konflikt verbergen. Gehen Sie in diesem Falle den Konfliktursachen auf den Grund: Spielen Stressfaktoren im Arbeitsumfeld eine Rolle? Gibt es persönliche Animositäten? Treffen unterschiedliche Arbeitsstile aufeinander? Sind die Konflikte Ausdruck eines strukturellen Problems: z. B. einem gravierenden Mangel in der Arbeitsorganisation? Sind Nachbarabteilungen beteiligt? Unter Umständen ist es erforderlich, weitere Ansprechpartner einzubeziehen, um die Konfliktursachen näher zu eruieren und dauerhaft zu beseitigen.

Falls Sie den Eindruck gewinnen, dass die Streithähne selbst eine Lösung herbeiführen können, bitten Sie die beiden, sich untereinander auszusprechen. Halten Sie sich zurück mit eigenen Verfahrensvorschlägen. Ergreifen Sie nicht Partei. Suchen Sie nicht alleine nach einer Lösung. Es liegt in der Verantwortung der Konfliktparteien, möglichst selbst einen Weg zur Entschärfung der Reibereien zu finden.

Fordern Sie dazu auf, dass beherrscht und fair miteinander gesprochen wird. Appellieren Sie an die Gesprächspartner, auf eine Einigung hinzuwirken und dem anderen zuzuhören. Verdeutlichen Sie, dass Sie einer weiterer Eskalation des Konfliktes energisch entgegenwirken werden. Machen Sie deutlich, dass negative Auswirkungen auf das Team, auf Nachbarabteilungen oder gar auf die Kunden unbedingt zu vermeiden sind. Bitten Sie die Konfliktparteien um realistische Lösungsvorschläge, über die weiter nachgedacht werden kann.

Führen Sie Einzelgespräche durch, falls Ihre Bemühungen scheitern, die Konfliktparteien zu einer einvernehmlichen Regelung im Dialog untereinander zu bewegen. Erörtern Sie mit jedem getrennt, wie weiter vorgegangen werden könnte. Bahnen Sie einen Weg an, wie die beiden wieder zurück zum sachlichen Gespräch finden. Die Chance einer tragfähigen Lösung steigt, wenn die Mitarbeiter untereinander den Konflikt ausräumen – sofern sie dazu in der Lage sind.

Spielen Sie nicht die Feuerwehr. Nehmen Sie Ihre Mitarbeiter in die Pflicht, eigenverantwortlich zu handeln. Als Führungskraft tun Sie gut daran, auf eine Annäherung hinzuwirken. Verzichten Sie aber auf einseitige Vorgaben zur Regulierung des Konflikts. Sie haben sonst schnell den schwarzen Peter in der Hand. Dann heißt es: Unser Chef hat gemeint, wir sollen es so machen. Wenn es dann nicht funktioniert, sind Sie selbst Beteiligter im Konfliktgeschehen oder werden zum Buhmann. Das Scheitern des gewählten Lösungsversuchs wird man Ihnen ankreiden.

Bleiben Sie im Hinblick auf die vertretenen Positionen und Lösungswege so weit wie möglich neutral. Delegieren Sie als Teamleiter beispielsweise die Klärung von fachlich-inhaltlichen Fragen bei der Konfliktlösung an Ihre Mitarbeiter. Kümmern Sie sich eher darum, dass die Gesprächspartner untereinander im konstruktiven Kontakt bleiben. Bestehen Sie darauf, dass auf persönliche Attacken verzichtet wird und wieder ein neuer Anlauf genommen wird, sofern der Dialog festgefahren ist. Beheben Sie strukturelle Mängel gemäß Ihrer Führungsverantwortung, etwa unklare Zuständigkeiten und Aufgabenbeschreibungen, fehlende Entscheidungskompetenzen oder regelungsbedürftige Verantwortlichkeiten für einzelne Arbeitsergebnisse.

So verhalten Sie sich, wenn Sie selbst Beteiligter im Konfliktgeschehen sind:

Ein Konflikt zwischen Mitarbeitern in Ihrem Team wird nicht nur in Ihrer eigenen Abteilung wahrgenommen. Der Leiter einer Nachbarabteilung („Manager Controlling Services") hat von den Unstimmigkeiten erfahren. Er macht Sie verantwortlich dafür, dass sich die Erstellung eines Berichtes verzögert, da zwei Mitarbeiter Ihres Teams angeforderte Daten nicht pünktlich geliefert haben. Anscheinend haben die Unstimmigkeiten zwischen Ihren Mitarbeitern mit dazu beigetragen, dass der Controlling-Report noch nicht abgeschlossen werden konnte.

In einer solch sensiblen Situation sind Sie als Führungskraft gefordert, die Gründe für die Unzufriedenheit des Leiters Ihres Nachbarbereiches zeitnah ausfindig zu machen. Es liegt nahe, dass Sie unmittelbar das Gespräch sowohl mit dem Controlling-Leiter als auch mit denjenigen Mitarbeitern suchen, die bei der Erstellung des Berichtes mitgewirkt haben. Klären Sie, woran es liegt, dass Informationen aus Ihrer Abteilung nicht passgenau an den Nachbarbereich weitergegeben wurden.

Beachten Sie jedoch, dass Sie selbst bereits in die Schusslinie geraten sind. Ihnen wird offensichtlich vorgeworfen, nicht rechtzeitig eingegriffen zu haben. Der Leiter des Nachbarbereiches hatte wohl von Ihnen erwartet, dafür Sorge zu tragen, dass Ihre Mitarbeiter die nötigen Unterlagen rechtzeitig weitergeben. Nach dem ersten Anschein spielt dabei eine Rolle, dass die Mitarbeiter in Ihrem Team aufgrund von internen Unstimmigkeiten erforderliche Zuarbeiten nicht rechtzeitig erledigt haben. Der Chef des Nachbarbereichs kritisiert Sie nun, da Sie als Teamleiter für die Leistungen Ihrer Mitarbeiter und den Verzug bei der Erstellung des Berichts verantwortlich seien.

Die Konfliktdynamik hat insofern an Komplexität zugenommen: Obwohl Sie bisher noch nichts über die angeblichen Unstimmigkeiten in Ihrem Team und die Verzögerungen bei der Berichterstellung wussten, werden Sie gleich persönlich angegriffen. Vielleicht gab es in der Vergangenheit schon „kleinere Reibereien" in der Zusammenarbeit mit dem Nachbarbereich, die das Fass nun zum Überlaufen gebraucht haben. Sie müssen auch damit rechnen, dass Sie auf der nächsthöheren Führungsebene, etwa bei der übergeordneten Bereichsleitung oder gar bei der Geschäftsleitung, in die Kritik geraten. Wie können Sie vorgehen, um ein weiteres Aufbauschen der angespannten Situation zu verhindern?

Suchen Sie das Gespräch mit den Mitarbeitern Ihres Teams, die an der Erstellung des Berichts für das Controlling mitgewirkt haben. Analysieren Sie gemeinsam mit ihnen die Gründe dafür, dass es zu Unstimmigkeiten mit der Nachbarabteilung kam.

Hören Sie die Sicht Ihrer Mitarbeiter im Vergleich zu den Darstellungen des Leiters der Nachbarabteilung. Machen Sie sich ein eigenes Bild von der Lage und reagieren Sie erst auf die Vorwürfe, wenn Sie die beschuldigten Mitarbeiter selbst gehört haben.

Vermeiden Sie Vorverurteilungen, spontane Stellungnahmen oder überstürzte Aktivitäten jeglicher Art. Lassen Sie sich aus erster Hand von Ihren Mitarbeitern schildern, wie es zu den bemängelten Verzögerungen kommen konnte. Überprüfen Sie, ob es eventuell weitere Gründe für den Verzug gab, die nicht von Ihren Mitarbeitern zu verantworten sind.

Gehen Sie baldmöglichst auf den Leiter Ihres Nachbarbereichs zu. Suchen Sie das persönliche Gespräch mit ihm und lassen Sie sich von ihm erläutern, was nicht zu seiner Zufriedenheit abgelaufen ist. Verdeutlichen Sie ihm, dass Sie sich um die Dinge kümmern werden und dafür Sorge tragen, dass gegebenenfalls noch fehlende Informationen für die Berichterstellung schnellstmöglich an ihn weitergeleitet werden.

Bitten Sie den Leiter des Nachbarbereiches darum, dass er Sie künftig in ähnlichen Situationen frühzeitig informiert, wenn etwas nicht nach Plan läuft. Entschärfen Sie eine angespannte Situation, indem Sie ihm erläutern, dass Sie um eine gute Kooperation bemüht sind und ebenfalls ein Interesse daran haben, dass das Reporting in Ihrem Hause gut funktioniert.

Schalten Sie Ihren Vorgesetzten ein, sofern Kritik an Ihnen und den Leistungen Ihrer Mitarbeiter auf übergeordneter Ebene, z. B. bei der Geschäftsleitung, vorgetragen wurde. Erläutern Sie ihm, zu welchen Erkenntnissen Sie nach den Vorgesprächen mit Ihren Mitarbeitern und dem Leiter des Nachbarbereiches gekommen sind. Bitten Sie ihn um seine Mitwirkung, falls Klarstellungen auf höherer Ebene erforderlich sind – etwa weil die Geschäftsleitung den Bericht noch nicht erhalten hat. Es ist wichtig, dass Ihr eigener Chef im Bilde ist, falls Irritationen in die Hierarchie ausstrahlen. Machen Sie ihm deutlich, dass Sie die Situation im Rahmen Ihrer Leitungsverantwortung baldmöglichst bereinigen werden.

Besprechen Sie mit Ihrem Team, wie eventuell erforderliche Zusatzarbeiten koordiniert werden können, damit die Anforderungen des Nachbarbereichs erfüllt werden. Erörtern Sie mit den beteiligten Teammitgliedern, was getan werden kann, damit Kritik aus Nachbarbereichen künftig erst gar nicht aufkommt. Besprechen Sie mit Ihren Mitarbeitern, wie unter Umständen vorhandene Reibungsverluste in der internen Zusammenarbeit ausgeräumt werden können. Verdeutlichen Sie, dass Sie es nicht zulassen können, dass Unstimmigkeiten und Konflikte in Ihrem Team nach außen dringen und zu Irritationen in der Kommunikation mit angrenzenden Bereichen oder höheren Hierarchiestufen führen.

Schalten Sie einen Moderator ein, sofern die Spannungen anhalten und eine weitere Konflikteskalation droht. Bemühen Sie sich darum, dass die Gründe für die Konfliktentstehung erkannt und ausgeräumt werden. Führen Sie beispielsweise zeitnah einen Team-Workshop durch, in dem erarbeitet wird, wie die Kooperation mit dem Nachbarbereich verbessert werden kann. Überprüfen Sie, ob hierzu die Einrichtung einer bereichsübergreifenden Arbeitsgruppe hilfreich sein könnte. Ziehen Sie in Betracht, auch Vertreter des betroffenen Nachbarbereiches einzubeziehen, sofern der zuständige Teamleiter sich dies ebenfalls vorstellen kann. Beachten Sie jedoch den hierzu erforderlichen Zusatzaufwand in Relation zum erzielten Nutzen. Halten Sie die nötigen Ressourcen zur Verbesserung der internen Kommunikation und zur Entschärfung der Konfliktdynamik in Grenzen.

Erarbeiten Sie mit den Beteiligten im Konfliktgeschehen einen Plan, was künftig wie geändert wird, um einen Wiederholungsfall zu vermeiden. Beziehen Sie dazu den Leiter des Nachbarbereichs ein und stimmen Sie mit ihm zweckmäßige Maßnahmen ab. Bei einer professionellen Lösung zur Konfliktprävention bemühen sich alle Beteiligten um einen gangbaren Weg zur Vermeidung von Unstimmigkeiten. Dazu gehört, konstruktive Lösungsvorschläge beizusteuern und sie auf ihre Praktikabilität hin zu bewerten.

Wirken Sie darauf hin, dass von allen Konfliktbeteiligten ein gemeinsamer Beitrag geleistet wird, um „Frühwarnindikatoren" zu erarbeiten: Woran erkennen wir, dass etwas nicht nach Plan läuft? Mit welchen Maßnahmen wollen wir dann reagieren? Wie stimmen wir uns hierzu frühzeitig ab? Ein solches Szenario erleichtert es, künftig bereits bei den ersten Anzeichen für aufkommende Unstimmigkeiten wirksam gegenzusteuern.

Gehen Sie mit gutem Beispiel voran, sofern Sie selbst in das Konfliktgeschehen verwickelt werden: Führen Sie erforderliche Gespräche mit Ruhe und Sorgfalt. Hören Sie die Beteiligten an. Stellen Sie sich auch Kritik, die Ihnen gegenüber geäußert wird. Hinterfragen Sie Ihren „Eigenanteil" am Konfliktgeschehen. Vermeiden Sie Schuldzuweisungen, Rechtfertigungen oder Vorverurteilungen. Treffen Sie keine überstürzten Entscheidungen. Prüfen Sie, ob eventuell eine nähere Untersuchung der Vorfälle durch Dritte (z. B. Sachverständige, Gutachter, Revisoren) erforderlich ist, um eine sachgerechte Einschätzung von neutraler Seite zu erarbeiten.

4.2 Wie verhindern Sie die weitere Eskalation von Konflikten?

Nicht immer gelingt es, einen sich aufschaukelnden Konflikt in einer überschaubaren Zeitspanne zu entschärfen. Die Interessenpositionen der Konfliktparteien können auch nach mehren Gesprächen und Versuchen zur Klärung unversöhnlich gegenüber stehen. Statt dass sich die erhitzten Gemüter beruhigen, prallen die Standpunkte mit unverminderter Härte aufeinander. Es gelingt nicht, in beiderseitigem Einvernehmen Konsens herzustellen – und ein akzeptabler Kompromiss zeichnet sich nicht ab. Stattdessen droht sich der Konflikt auszuweiten und sogar noch an Schärfe zu gewinnen.

Sofern ein Konflikt weiter offen oder im Verborgenen schwelt und zu eskalieren droht, sind Sie als Teamleiter in besonderem Maße gefordert. Es kommt darauf an, dass Sie einen Lösungsansatz finden, der ein weiteres Aufschaukeln verhindert. Ansonsten stehen Sie schnell am Pranger. Sie können es nicht zulassen, dass aufgrund von Unstimmigkeiten in Ihrem Team weitere Personen in den Konflikt hineingezogen werden. Wenn womöglich sogar Irritationen bei Kunden eintreten, ist die Grenze des Zumutbaren erreicht. Wie können Sie in einer solch vertrackten Lage vorgehen?

> **BEISPIEL:** Zwei Ihrer Mitarbeiter geraten immer wieder aneinander. Kaum ist eine Meinungsverschiedenheit ausgeräumt, kommt es zu neuen Spannungen und Konflikten. Ihr Versuch, mit den beiden Streithähnen in Ruhe zu reden und das angespannte Verhältnis zu entschärfen, hat bisher nichts gefruchtet. Im Gegenteil: Ständig tauchen weitere Konfliktherde auf. Die Positionen verhärten sich nach kurzem aufs Neue. Schon der geringste Dissens genügt, um wieder Öl in das Feuer zu gießen. Die Nerven liegen blank. Es kehrt keine Ruhe ein. Sie machen sich Sorgen, dass die Streitpunkte weiter zunehmen und die interne Zusammenarbeit nachhaltig behindert wird.

Es gibt kein Patentrezept, wie verhärtete Konfliktpositionen aufgeweicht werden können. Es bleibt Ihnen nichts anderes übrig, als nach den Ursachen zu fahnden und die Beteiligten erneut an einen Tisch zu holen. Wenn sich Meinungsverschiedenheiten nicht beilegen lassen, Konflikte sich weiter zu verschärfen drohen oder eingeleitete Lösungsversuche nichts fruchten, liegt es an Ihnen, auf eine grundlegende Kurskorrektur hinzuwirken.

Bitten Sie die Konfliktparteien nochmals zum Gespräch. Verdeutlichen Sie, dass Sie den eingetretenen Zustand nicht weiter akzeptieren können. Appellieren Sie verbindlich an die Gesprächspartner, aufeinander zuzugehen.

Machen Sie deutlich, dass Sie Konsequenzen ziehen werden, wenn nicht innerhalb einer gesetzten Frist eine Entspannung der Lage eintritt. Erläutern Sie, dass Sie gerne auf der Gesprächsebene helfen, um zu moderieren und auf eine Konfliktlösung hinzuwirken. Lassen Sie aber auch erkennen, dass Ihre Geduld ab einem bestimmten Punkt ein Ende hat.

Führen Sie Einzelgespräche, wenn sich nach anhaltenden Bemühungen Ihrerseits keine erkennbare Verbesserung der Situation abzeichnet. Finden Sie mit jedem Einzelnen heraus, was genau die Gründe für die anhaltenden Unstimmigkeiten sind. Machen Sie deutlich, welche Erwartungen Sie an Ihr Gegenüber richten.

Beschreiben Sie die erwünschten Verhaltensänderungen im Detail. Besprechen Sie mit den Konfliktbeteiligten, was aus Ihrer Sicht beispielsweise im Kommunikationsverhalten verändert werden muss. Bestehen Sie auf einem ruhigen, sachlichen und fairen Umgangston sowie einem respektvollen Umgang miteinander.

Schrecken Sie nicht davor zurück, auch unangenehme Maßnahmen zu ergreifen, wenn die konfliktträchtige Situation weiter anhält oder noch mehr zu eskalieren droht. Entscheiden Sie im Einzelfall, welche Schritte jeweils am besten geeignet sind, um eine destruktive Konfliktdynamik zu durchbrechen.

Beispiele für mögliche Aktivitäten Ihrerseits lauten: Präzise Arbeits- und Verhaltensanweisungen, räumliche Trennung der Konfliktparteien, Einleiten von Umstellungen in Arbeitsabläufen, Veränderung von Zuständigkeitsbereichen und Entscheidungskompetenzen oder auch mündliche und schriftliche Ermahnung.

Überlegen Sie sorgfältig, ob durch Ihre Intervention ein vernünftiger Weg bei der Konfliktbereinigung eingeschlagen wird. Blinder Aktionismus bringt wenig. Vermeiden Sie es, unbeherrscht zu reagieren, vorschnell oder einseitig Partei zu ergreifen und sich selbst unnötig in den Konflikt hineinziehen zu lassen.

Es gibt in solchen Fällen keine standardisierte Verfahrensempfehlung zur Deeskalation: Jedes Konfliktmuster ist im Einzelfall zu betrachten. Die Charaktere der Beteiligten und die Kommunikationsmuster untereinander haben einen erheblichen Einfluss darauf, welcher Weg erfolgversprechend sein könnte.

Beleuchten Sie die Beziehungsebene zwischen den Beteiligten, d. h. das zwischenmenschliche Verhältnis untereinander. Achten Sie nicht nur auf die vertretenen Sach- und Interessenpositionen. Suchen Sie nach einem ganzheitlichen Lösungsansatz, der das Vertrauensverhältnis wieder stabilisiert und eine nachhaltige Konfliktbereinigung verspricht.

4.3 Wie gelingt es Ihnen, Bewegung in festgefahrene Konflikte zu bringen und verhärtete Positionen aufzuweichen?

Falls Sie als Teamleiter versuchen wollen, einen schwelenden Konflikt in Ihrem Verantwortungsbereich zu entschärfen, benötigen Sie viel Fingerspitzengefühl und Geduld. Schnelle Lösungen sind meist nicht ohne weiteres zu finden – vor allem dann, wenn die Positionen der Kontrahenten unversöhnlich gegenüber stehen. Im Laufe der Zeit kann deutlich werden, dass es für die widerstrebenden Auffassungen tieferliegende Gründe gibt, die erst nach und nach an die Oberfläche dringen.

Wirken Sie am besten durch eine einfühlsame Gesprächssteuerung darauf hin, dass die Konfliktparteien aufeinander zugehen. Stellen Sie sich darauf ein, dass Sie eine Reihe von Barrieren und Widerständen zu überwinden haben, um die Gesprächspartner wieder hin zu einem konstruktiven Dialog zu bewegen. Lassen Sie sich nicht entmutigen, wenn es nicht so voran geht, wie Sie es sich wünschen. Es kann auch der Fall auftreten, dass trotz aller Ihrer Bemühungen ein Konflikt weiter eskaliert. Dies sollte aber kein Hinderungsgrund für Sie sein, „weiter am Ball zu bleiben."

Manchmal müssen gegensätzliche Positionen zunächst hart ausgefochten werden, bevor später wieder auf einen Konsens hingesteuert werden kann. Eine konstruktive Streitkultur ist durchaus wünschenswert. Engagierte Diskussionen und ein kontroverser Meinungsaustausch sorgen dafür, dass die Sichtweisen der Beteiligten klar auf den Tisch gebracht werden. Dies ist besser, als verdeckte Manöver durchzuführen oder vieles unausgesprochen zu lassen. Unterdrücken Sie deshalb nicht einen intensiven „Schlagabtausch", solange er fair geführt wird. Greifen Sie jedoch unmittelbar ein, wenn Sie bemerken, dass Attacken unterhalb der Gürtellinie ausgetragen werden.

Bestehen Sie auf einem respektvollen Umgang miteinander und setzen Sie Grenzen, sofern persönliche Angriffe und Verletzungen die Oberhand gewinnen. Ansonsten besteht die Gefahr, dass die einvernehmliche Klärung der Konfliktinhalte gegenüber der Selbstdurchsetzung der Kontrahenten und der Diskreditierung des Gegenübers zurücktritt. Fördern Sie eine schrittweise Verständigung, bei der ernsthaft um die Sache gerungen wird. Tragen Sie dazu bei, dass die Gesprächspartner auch dann wieder nach Gemeinsamkeiten suchen, wenn die Positionen anscheinend unversöhnlich gegenüberstehen.

Legen Sie im Konfliktgespräch Redezeiten fest, in denen sich jeder äußern kann, ohne dass er unterbrochen wird. Bitten Sie den jeweils anderen Gesprächspartner, nur zuzuhören und darauf zu verzichten, sofort gegen zu argumentieren..

Fordern Sie die Konfliktparteien auf, zunächst Abstand zu wahren und erst zu einem späteren Zeitpunkt wieder das Gespräch aufzugreifen. Wirken Sie auf eine Gesprächsunterbrechung hin. Regen Sie an, die Positionen in Ruhe zu überdenken. Legen Sie nach Absprache mit den Gesprächspartnern eine „Auszeit" fest, sofern kein dringender Handlungsbedarf besteht.

Bieten Sie Ihre Moderation an, wenn die Beteiligten nicht mehr in Ruhe direkt miteinander reden können. Sie können den Dialog beispielsweise so gestalten, dass die Gesprächspartner ihre Sichtweisen direkt Ihnen gegenüber vortragen. Der jeweils andere Gesprächspartner ist dabei gehalten, nur zuzuhören. Sie formulieren dabei das Gesagte in eigenen Worten und „spiegeln" in sachlicher Form die von Ihnen jeweils verstandene Argumentation. Anschließend bitten Sie den anderen Konfliktpartner, hierzu seine eigene Sichtweise vorzustellen.

Halten Sie gesammelte Erkenntnisse fest, z. B. auf Flipchart. Verdeutlichen Sie Sichtweisen, zu denen bereits Konsens besteht, in eigenen Worten. Dies kann eine weitere Annäherung fördern, da der Blick auf die erzielten Gemeinsamkeiten gelenkt wird. Notieren Sie Konsens-Punkte auf Flipchart. Zeigen Sie anschaulich auf, in welchen Punkten noch Meinungsverschiedenheiten bestehen. Tragen Sie dadurch zur Versachlichung der Diskussion bei.

Bitten Sie die Betreffenden, ihre Haltungen prägnant schriftlich darzustellen. Fordern Sie dazu auf, dass Lösungsvorschläge zur Annäherung benannt und in Stichworten ausgeführt werden. Bitten Sie um eine schriftliche Stellungnahme, die jeder für sich anfertigt. Tragen Sie ergänzend beispielsweise an die Gesprächspartner folgende Fragen heran:

„Wie weit sind Sie bereit, auf Ihr Gegenüber zuzugehen?"

„Was ist für Sie noch zumutbar? Was schließen Sie aus? Was darf auf keinen Fall passieren?"

„Welche Anregungen haben Sie, damit wir einen Schritt weiter kommen?"

Suchen Sie nach dem kleinsten gemeinsamen Nenner, der gerade noch eine Übereinstimmung der Positionen erkennen lässt. Achten Sie darauf, dass „keine Türen zugeschlagen werden." Klammern Sie kontroverse Standpunkte bewusst aus. Bitten Sie die Kontrahenten, vorerst nur darüber zu sprechen, was auf der Basis eines Minimalkonsens als nächster Schritt folgen könnte. Wirken Sie darauf hin, dass dort angesetzt wird, wo es gerade noch eine gemeinsame Sicht der Dinge gibt.

Führen Sie mit den Konfliktpartnern ein fiktives Gedankenspiel durch, das zur Veränderung des Blickwinkels führen kann: „Angenommen, Sie hätten in diesem strittigen Punkt eine Konsens: Was würde dies für Ihr weiteres Vorgehen bedeuten?" Sie simulieren vorausschauend den Zustand, dass der Konflikt inhaltlich bereits bereinigt worden ist. Dies kann auch in eine „Rückwärtssuche" münden: Welche Schritte können „rückwärts" vom erwünschten Ziel hin zum Ist-Zustand eingeleitet werden? Welche neuen Impulse ergeben sich, wenn die wesentlichen Dissens-Punkte gedanklich als bereinigt angenommen werden?

Regen Sie an, dass die Kontrahenten die Meinung von neutralen Dritten einholen oder sich unabhängig voneinander beraten lassen. Unter Umständen kann auch ein Außenstehender den festgefahrenen Dialog wieder in Gang bringen und zur Klärung dienliche Aspekte aufzeigen.

Übertragen Sie den Konfliktparteien eine neue Aufgabenstellung, die nicht im Zusammenhang mit dem Streitthema steht. Es kann weiterhelfen, wenn die Betreffenden in einem anderen Kontext aufeinander zugehen und miteinander kommunizieren, ohne dass das heiße Eisen eine Rolle spielt.

4.4 Wie tragen Sie zur einvernehmlichen Konfliktklärung bei?

Zusammenfassende Hinweise:

- Achten Sie darauf, dass Sie Ihre neutrale Position aufrecht halten, um nicht unnötig in das Konfliktgeschehen hineingezogen zu werden. Ergreifen Sie nicht Partei, wenn Sie erreichen wollen, dass die Kontrahenten selbst einen Lösungsweg finden. Machen Sie deutlich, dass Sie beide Positionen nachvollziehen können. Erläutern Sie, dass Sie für die abweichenden Sichtweisen Verständnis haben und nicht durch ein „Dekret von oben" eingreifen werden.

- Lassen Sie sich nicht die Verantwortung für die Konfliktbereinigung zuschieben, sofern es sich um eine Meinungsverschiedenheit handelt, die untereinander ausgeräumt werden sollte. Bestehen Sie darauf, dass die Kontrahenten aufeinander zugehen. Wirken Sie darauf hin, dass konstruktiv und sachlich auf eine Einigung hingearbeitet wird.

- Beachten Sie Ihre Führungsverantwortung: Die inhaltliche, sachlich-fachliche Klärung der Konfliktpositionen ist maßgeblich die Aufgabe Ihrer Mitarbeiter bzw. Spezialisten. Geben Sie gerne lösungsorientierte Anregungen. Greifen Sie aber nicht in die fachlichen Zuständigkeiten Ihrer Mitarbeiter ein, die Sie per Delegation, Tätigkeitsbeschreibung oder Zielvereinbarung hergestellt haben.

- Regeln Sie das weitere Vorgehen, sofern sich partout keine Lösung im Konfliktgeschehen andeutet und eine weitere Eskalation droht: Wirken Sie beispielsweise darauf hin, dass die Klärung vertagt, eine provisorische Lösung eingeführt oder eine grundsätzliche Entscheidung von Ihrer Seite getroffen wird.

- Greifen Sie nicht zu früh ein. Vermeiden Sie einseitige Vorgaben aus dem Blickwinkel des Vorgesetzten. Besser ist es, wenn Ihre Mitarbeiter eigenständig eine Lösung finden, auch wenn es schwer fällt. Die Selbststeuerung Ihres Teams wird geschwächt, wenn Sie überhastete oder unnötige „Vorgaben von oben" machen. Verschleppen Sie aber keine Konflikte, indem Sie fälligen Entscheidungen ausweichen oder sich aus allem heraushalten. Ab einem bestimmten Punkt sind Sie als Teamleiter gefordert, zu handeln und Grenzen zu setzen.

5. Kapitel

Sorgen Sie für einen kontinuierlichen und transparenten Informationsfluss

Der flexible Austausch von Informationen im Team ist eine wichtige Voraussetzung dafür, dass die gemeinsamen Ziele erreicht werden. Nur wenn benötigte Informationen zeitnah verfügbar sind, können Mitarbeiter ihr Handeln an den situativen Erfordernissen ausrichten und sich auf das Wesentliche konzentrieren. Fehlen entscheidende Informationen, werden falsche Prioritäten gesetzt und Probleme nur suboptimal gelöst. Aber nicht alles, was als Information bezeichnet wird, verdient auch diese Bezeichnung: Nur das, was für den Empfänger einer Botschaft gemäß seinen Vorkenntnissen, seiner Funktion und seinen Zielen einen Bedeutungsgehalt und Neuigkeitswert besitzt, hat einen echten Informationscharakter.

Viele sogenannte Informationen, die in Unternehmen kursieren, sind für den Einzelnen irrelevant: Es besteht die Gefahr der Ablenkung und der Informationsüberflutung. Nicht immer können die Mitarbeiter erkennen, was tatsächlich für sie wichtig oder nicht wichtig ist. Gelegentlich sind auch Ängste im Spiel: „Ich darf nichts verpassen. Ich muss wissen, was um mich herum geschieht. Ich brauche alle Informationen, damit ich mitreden kann." Eine solche Haltung zeugt jedoch von einem fehlgeleiteten Informationsbedürfnis.

Effizientes Arbeiten setzt voraus, sich vorrangig auf das für die eigene Zielerreichung erforderliche Know-how zu konzentrieren. Insofern kommt es darauf an, nicht unkritisch alle verfügbaren Informationen und Wissensbestände zu sichten, sondern bewusst einzugrenzen: Was betrifft mich tatsächlich? Welche Informationen sind für mich handlungsrelevant? Welche Hintergrundinformationen sind entscheidend, damit ich meine Aufgaben gut erledigen kann?

Ein professionelles Wissensmanagement im Unternehmen sorgt dafür, dass Informationen nicht beliebig an alle gestreut werden, sondern dass punktgenau diejenigen eine Information erhalten, die diese auch benötigen. Hier setzt zugleich Führung an: Als Teamleiter tragen Sie Verantwortung dafür, dass in Ihrem Team ein geordneter Informationsfluss und zweckgerichteter Wissenstransfer sichergestellt wird. Zum einen sollte jeder Zugang zu nötigen Informationen haben. Zum anderen ist die Fülle der Informationen auf das Notwendige zu begrenzen, damit der Einzelne nicht mit Nebensächlichem überhäuft wird.

Gut zu informieren ist deshalb für Sie als Führungskraft ein Balanceakt: einerseits frühzeitig und vollständig zu informieren, damit Ihre Mitarbeiter beispielsweise zeitnah in anstehende Entscheidungen einbezogen werden – andererseits aber die drohende Informationsüberflutung abzuwehren und nicht sämtliche verfügbaren Informationen blind weiterzugeben. Ansonsten werden Ihre Mitarbeiter überfordert und erkennen den Wald vor lauter Bäumen nicht mehr.

Durch die Verfügbarkeit der neuen Informations- und Kommunikationsmedien, die mobilen Computersysteme und das moderne Web ist der Zugang zu Informationen viel leichter als früher geworden. Jeder erhält sekundenschnell Zugang zu umfangreichen Informationsquellen, Datenbanken und Wissenssystemen. Mündige und qualifizierte Mitarbeiter entscheiden selbst, welche Informationen sie wann nutzen und eigenständig verwerten möchten. Um so mehr ist Führung gefragt, die Orientierung vermittelt, den Blick für das Wesentliche schärft und den bedarfsgerechten Zugang zu wichtigen Informationsquellen ermöglicht.

Nicht alle Informationen im Unternehmen, die für Ihre Mitarbeiter relevant sind, können ohne weiteres in computergestützten Systemen, z. B. im Intranet, abgerufen werden. Als Führungskraft haben Sie die Aufgabe, beispielsweise über wichtige strategische Entscheidungen und Prioritätensetzungen in der Organisationseinheit zu informieren. Durch die Vereinbarung von Zielen, die Definition von Meilensteinen oder die Beschreibung von angestrebten Arbeitsergebnissen geben Sie einen erwünschten Kurs vor. Erst dadurch gewinnen viele betriebliche Informationen für den Einzelnen einen besonderen Aussagecharakter: Nur auf dem Hintergrund seiner individuellen Ziele und Aufgabenschwerpunkte sowie seiner Zuständigkeiten und Wissensbezüge kann der jeweilige Mitarbeiter neue Informationen konstruktiv verarbeiten und zweckdienlich interpretieren.

Zwar steigt durch die intelligente Nutzung der neuen Kommunikations- und Wissenstechnologien die Chance für mehr Selbststeuerung und Eigenverantwortung im Team. Aber Führung wird dadurch keineswegs überflüssig. Es liegt in Ihrer Verantwortung, dafür Sorge zu tragen, dass sich alle Mitarbeiter auf die Erreichung der wesentlichen Ziele und Resultate konzentrieren. Die Steuerung des hierfür nötigen Informationsflusses ist deshalb eine vorrangige Führungsaufgabe.

5.1 Wie fördern Sie den wechselseitigen Informationsaustausch in Ihrem Team?

Viele Mitarbeiter geben in Firmen-Befragungen an, dass Sie keinen ausreichenden Zugang zu wesentlichen betrieblichen Informationen haben. Sie fühlen sich nicht genügend informiert und bemängeln Informationsbarrieren zwischen einzelnen Hierarchiestufen oder Abteilungsgrenzen. Oftmals wird von den Betreffenden angegeben, dass wichtige Informationen bei Ihnen zu spät oder gar nicht eintreffen. Wie erklärt sich dieses subjektiv erlebte Informationsdefizit, obwohl viele Mitarbeiter in Unternehmen zunehmend darüber klagen, mit Informationen zugeschüttet zu werden?

Häufig werden Informationsdefizite bemängelt, während gleichzeitig viele Posteingangskörbe prall gefüllt sind. Die zugestellten E-Mails nehmen überhand und die Anzahl von eingehenden Kopien über elektronische Verteilerlisten erreicht ein exorbitantes Ausmaß. Viele Mitarbeiter fühlen sich offensichtlich mit Informationen überfrachtet, denen sie aber bei genauerem Hinsehen nur einen untergeordneten Stellenwert beimessen: Bei den Betreffenden entsteht der Eindruck, dass die wirklich wichtigen Informationen an ihnen vorbeilaufen und sie stattdessen mit Pseudoinformationen zugeschüttet werden. Viele sehen sich dadurch bei Ihrer Arbeit sowohl durch Informationsüberflutung als auch durch Informationsmangel gleichermaßen behindert. Wie stellen Sie sich als Teamleiter dazu, wenn sich Ihre Mitarbeiter Ihnen gegenüber in ähnlicher Form äußern?

> **BEISPIEL:** Sie haben in einer Abteilungsbesprechung das Thema „Informationsaustausch im Team" mit auf die Tagesordnung gesetzt. Dazu wollen Sie Ihre Vorstellungen erläutern, aber auch die Meinungen und Wünsche Ihrer Mitarbeiter hören.
>
> Einzelne Mitarbeiter haben im Vorfeld geäußert, dass Sie sich von Ihnen als neuem Teamleiter versprechen, dass der Informationsfluss in der Abteilung verbessert wird.
>
> Ein erstes Meinungsbild in der Teamrunde lässt erkennen, dass sich Ihre Mitarbeiter vor allem wünschen, frühzeitig und umfassend über Planungen und Weichenstellungen im Unternehmen informiert zu werden.
>
> An Sie wird die Erwartung gerichtet, dass Sie Informationen über wichtige Unternehmensziele, Entscheidungen im Führungskreis und aktuelle Entwicklungen im Unternehmen zeitnah an die Mitarbeiter weitergegeben.

Als Teamleiter wird es Sie wahrscheinlich nicht überraschen, dass Ihre Mitarbeiter weitreichende Informationsbedürfnisse Ihnen gegenüber artikulieren. Sie erhalten Informationen von übergeordneten Hierarchiestufen, die Ihren Mitarbeitern nicht direkt zugänglich sind. Sie haben aus dem Blickwinkel Ihrer Organisationseinheit eine Schnittstellenfunktion zu den übergeordneten Entscheidungsträgern und Informationsquellen. Denken Sie etwa an das Know-how, das Sie aus erster Hand in Besprechungen mit Ihren Vorgesetzten, in Führungskreis-Sitzungen oder in Projekt-Meetings erhalten.

Nicht alle Informationen können Sie jedoch ungefiltert weitergeben. Sie sind daran gebunden, Vertrauliches für sich zu behalten und im Einzelfall zu prüfen, was Sie direkt an Ihre Mitarbeiter weitergeben – und was nicht. Interna aus Führungskreis-Sitzungen können Sie nicht ohne weiteres in Teamsitzungen kommunizieren. Es gehört zu Ihrer Führungsverantwortung, zu entscheiden, was Sie wann und wie Ihren Mitarbeitern jeweils mitteilen.

Ihre Mitarbeiter haben ein Recht auf eine professionelle Unterrichtung über wichtige Entscheidungen oder Informationen mit Bezug zu Ihrer Organisationseinheit. Dazu gehört, dass Sie beispielsweise übergeordnete Ziele erläutern, veränderte wirtschaftliche Rahmenbedingungen verdeutlichen oder neue Projekte im Unternehmen vorstellen. Sie benötigen dabei viel Gespür, um zu erkennen, was für Ihre Mitarbeiter relevant ist und in welchen Fällen die Informationsweitergabe tatsächlich sinnvoll ist.

Im Sinne einer vorausschauenden Informationspolitik werden Sie den Zugang zu unternehmensinternen Informationsquellen ermöglichen, die Ihre Mitarbeiter selbständig nutzen können. Informationsbeschaffung erfordert auch Eigenverantwortlichkeit und engagiertes Bemühen. Nicht immer können Sie die nötigen Informationen selbst liefern, sondern sind darauf angewiesen, dass Ihre Mitarbeiter von sich aus aktiv werden. Stellen Sie in diesem Fall den gezielten Zugang zu den Informationsmedien sicher, damit Ihre Mitarbeiter überhaupt dazu in der Lage sind, von sich aus darauf zuzugreifen.

Manchmal ist es erforderlich, dass Sie erläutern, wie bestimmte Informationen überhaupt genutzt werden können – und wie das Wesentliche darin erkannt wird. Um einer drohenden Informationsüberflutung zu begegnen, können Sie als Teamleiter Anleitungen geben, wie Informationsquellen effektiv verwertet werden. Dies ist zugleich ein Qualifizierungsauftrag an Sie, damit Ihre Mitarbeiter eigenständig Informationen erschließen und wirkungsvoll aufbereiten.

5.2 Welche Aktivitäten zur Informations-steuerung können Sie von Ihrer Seite anstoßen?

Ergreifen Sie die Initiative und gehen Sie mit gutem Beispiel voran, um den Informationsfluss in Ihrem Zuständigkeitsbereich zu fördern.

Nutzen Sie regelmäßige Abteilungsbesprechungen, um über neue Entwicklungen im Hause zu informieren. Berichten Sie in Auszügen über den Stand aktueller Unternehmensprojekte, um Ihre Mitarbeiter auf dem Laufenden zu halten.

Geben Sie Auszüge aus Unternehmenspräsentationen an Ihre Mitarbeiter zur Einsicht weiter. Erläutern Sie es näher, falls einzelne Informationen aus Gründen der Vertraulichkeit nicht bereitgestellt werden können. Nennen Sie die Gründe hierfür, damit nicht der Eindruck entsteht, dass Sie Informationen bewusst zurückhalten.

Bitten Sie Ihre Mitarbeiter, in den Teambesprechungen zum Stand ihrer eigenen Aufgaben und Projekte im Überblick zu berichten. Sorgen Sie dafür, dass eine Informationsbörse entstehen kann, in der Mitarbeiter Informationen untereinander austauschen. Fördern Sie die horizontale Kommunikation, auch ohne dass Sie als Führungskraft direkt beteiligt sind. Vermeiden Sie es, selbst zum Flaschenhals des Informationsaustausches zu werden, indem wesentliche Informationen nur über Sie persönlich fließen.

Bauen Sie gemeinsam mit Ihrem Team ein internes Wissensmanagement auf, indem Sie die technischen Möglichkeiten des betrieblichen Intranets nutzen. Erörtern Sie mit Ihren Mitarbeitern, welche Daten- und Informationsquellen wie genutzt werden können. Achten Sie darauf, dass keine nutzlosen Archive aufgebaut werden, die schnell veralten oder faktisch nur einen geringen Informationswert besitzen.

Klären Sie jeweils, wie die eventuell erforderliche Pflege einzelner Wissensbestände sichergestellt wird. Gewähren Sie jedem Teammitglied den Zugang zu unternehmensweit verfügbaren Informationsquellen. Wirken Sie Insellösungen und der Abschottung von Informationsträgern entgegen. Verzichten Sie auf den Aufbau von Informationsbeständen mit dem Charakter des Geheimwissens für Einzelne.

Führen Sie mobile Informations- und Kommunikationssysteme ein, die es den Mitarbeitern ermöglichen, zeitnah den Status von laufenden Aufgaben und Projekten zu aktualisieren. Stellen Sie sicher, dass wechselseitige Zugriffsmöglichkeiten von unterschiedlichen Standorten aus bestehen, so dass jeder sich auch über die Aktivitäten des anderen informieren kann. Setzen Sie auf Transparenz und zeitnahe Verfügbarkeit von Informationen. Beschränken Sie den Zugang zu Informationsquellen so wenig wie möglich.

Erarbeiten Sie gemeinsam mit Ihrem Team, wie mit Informationen grundsätzlich umgegangen wird und wie die zügige Weitergabe geregelt werden kann. Machen Sie deutlich, dass es nicht nur eine Bringschuld, sondern auch eine Holschuld gibt: Jeder im Team sollte sich um die gezielte Weitergabe von Informationen bemühen, aber auch von sich aus aktiv werden, um nötige Informationen zu erschließen.

Schaffen Sie die Voraussetzungen dafür, dass jeder selbständig Informationen abrufen kann, auch ohne dass Sie zuvor einbezogen werden. Verhindern Sie Abhängigkeiten zu Ihrer Person, wenn es um den zügigen Informationsfluss geht. Verstehen Sie sich als Förderer des horizontalen und vertikalen Informationsaustausches. Verzichten Sie darauf, selbst immer alle Fäden in der Hand behalten zu wollen.

Ein flexibler Umgang mit Informationen über Abteilungs- und Hierarchiegrenzen hinweg ist eine wichtige Voraussetzung dafür, dass Informationen schnell und reibungslos fließen. Bestehen Sie nicht darauf, dass Berichtswege zwingend eingehalten werden, wenn Sie einen effizienten Informationsaustausch erreichen wollen. Qualifizierte und kompetente Mitarbeiter sollten gemäß ihren jeweiligen Informationsbedürfnissen befähigt und berechtigt werden, Informationen direkt dort abzurufen, wo sie jeweils verfügbar sind. Dies setzt Vertrauen und eine offene Kommunikation im Unternehmen voraus.

Weisen Sie darauf hin, falls Sie beim Informationsaustausch explizit einbezogen werden wollen und erläutern Sie die Gründe hierfür. Beschleunigen Sie den internen Informationsaustausch. Schaffen Sie die Voraussetzungen dafür, dass durch freien Informationszugang Entscheidungen effektiv vorbereitet und gemäß erteilten Kompetenzen und Verantwortlichkeiten rasch getroffen werden können.

Suchen Sie so häufig wie möglich den direkten Informationsaustausch und die „face-to-face-Kommunikation". Begrenzen Sie die Anzahl von E-Mails, Notizen, Verteilern und Anlagen auf das Notwendige. Oftmals schafft ein persönliches Gespräch mehr Nähe und ermöglicht insofern am besten die Pflege eines angenehmen und partnerschaftlichen Kontaktes.

Nutzen Sie von Zeit zu Zeit auch das spontane Telefonat, um beispielsweise eine zügige Abstimmung von Ihrer Seite herbeizuführen. Zwar ist die elektronische Kommunikation sehr schnell und effektiv. Aber in manchen Situation schafft sie eher Distanz und ist zudem bei heiklen Themen anfällig für Missverständnisse, die später erst wieder ausgeräumt werden müssen. Achten Sie darauf, dass Ihre Botschaften freundlich wirken, die Vertiefung des Vertrauensverhältnisses fördern und beim Adressaten insgesamt „gut ankommen".

So bauen Sie „Informationsblockaden" ab:

Wahrscheinlich kennen Sie diese Situation: Kollegen oder Mitarbeiter beklagen sich darüber, dass sie wichtige Informationen nicht erhalten haben. Es wird bemängelt, dass Informationen zu spät oder unvollständig eingetroffen sind.

Einzelne kritisieren, dass Informationen an ihnen vorbei geleitet wurden, oder dass sie bei einem versendeten Schreiben nicht auf dem Verteiler gestanden haben.

Informationen fließen innerhalb des Teams nicht so, wie Sie es als Teamleiter erwarten. Vorhandene Informationsquellen werden nur unzureichend oder gar nicht genutzt.

Ihre Mitarbeiter wünschen sich, besser informiert zu werden, kümmern sich aber aus Ihrer Sicht nicht genügend darum, selbst Informationen einzuholen. Außerdem geben die Betreffenden verfügbare Informationen anscheinend nur unzureichend weiter.

Informationsblockaden können auf unterschiedliche Art und Weise entstehen. Nicht immer ist zu erkennen, wer die Verantwortung dafür trägt, dass Informationen nicht so ankommen wie es gewünscht war. Häufig sind auch kleine Missverständnisse im Spiel. Manchmal besteht eine hohe, teilweise diffuse Erwartungshaltung im Hinblick auf die Verfügbarkeit von Informationen: Einzelne wünschen sich mehr Informationen und beklagen Informationsdefizite, obwohl objektiv bereits viele Informationen übermittelt wurden. Gleichzeitig wird eine Informationsüberflutung bemängelt – eine scheinbar paradoxe Lage. Wie ist dies zu erklären?

Manche Mitarbeiter haben in Unternehmen der Eindruck, dass viele Informationen „nur bei den anderen" oder gar „nur in den oberen Hierarchiestufen" kursieren: „Der Chef oder der Kollege weiß natürlich Bescheid, aber an mich hat wieder einmal keiner gedacht. Ich komme mir vor wie das letzte Rad am Wagen." Der Wahrheitsgehalt solcher Einschätzungen lässt sich nur schwer überprüfen. Häufig spielt ein subjektiv geprägtes Empfinden, nicht wirklich einbezogen zu sein, eine große Rolle. Klären Sie als Teamleiter, welche Sichtweisen Ihre Mitarbeiter zur Qualität des Informationsflusses in Ihrem Team haben und aufgrund welcher Anlässe bestimmte Einschätzungen im Einzelfall entstehen.

Achten Sie darauf, ob einzelne Mitarbeiter angeben, übergangen oder ausgeschlossen worden zu sein. Wenn solche Äußerungen getätigt werden, ist dies ein Alarmsignal. Dahinter kann ein Gefühl fehlender Wertschätzung und zu geringer Beachtung im Team stehen. Unter Umständen erkennen die Betreffenden nicht, dass sie sich selbst dafür einsetzen müssen, um für sie bedeutsame Informationen zu erhalten. Es können aber auch Störungen im Informationsfluss vorliegen, denen Sie besser auf den Grund gehen. Um Informationsblockaden aufzuweichen, können Sie folgendes Vorgehen wählen:

■ Bitten Sie die betreffenden Mitarbeiter um ein persönliches Gespräch, um die Ist-Situation aus deren individueller Perspektive näher zu beschreiben und zu analysieren.

■ Klären Sie gemeinsam mit Ihren Mitarbeitern in einer sorgfältigen Bestandsaufnahme folgende Fragen – am besten in einer Teamsitzung:

– Welche Informationen kommen an und welche nicht? Welche Ursachen gibt es hierfür?

– Was sollte künftig erreicht werden (Beschreibung des Sollzustandes)?

– Welche Lösungsansätze sind erfolgversprechend?

– Mit welchen Barrieren und Widerständen ist bei der Umsetzung zu rechnen? Wie kann vorbeugend gehandelt werden, damit Informationsdefizite gar nicht erst aufkommen?

■ Machen Sie ein gemeinsames Brainstorming, um praktikable Maßnahmen zu erarbeiten, die zur Förderung des Informationsflusses eingeleitet werden:

– Beschreiben Sie die jeweiligen Aktivitäten auf der Verhaltensebene: „Was kann getan werden, um den Informationsfluss künftig zu verbessern?"

– Legen Sie fest, wer welche Verantwortung bei der Umsetzung übernimmt: „Wer macht was (mit wem) bis wann?"

– Beschreiben Sie stichwortartig Erfolgskriterien für jede Einzelmaßnahme: „Woran erkennen wir, dass die eingeleitete Aktivität zur Verbesserung des Informationsflusses erfolgreich war?" Beispiel: „Informationen „...treffen früher ein", „... sind umfassender", „... werden schneller in kundenorientierte Maßnahmen umgesetzt", „... führen zu höherer Zufriedenheit", „... lösen weniger Reklamationen aus" etc.

■ Führen Sie ein „Informationsfluss-Controlling" ein: Skizzieren Sie gemeinsam mit Ihrem Team, welche Veränderungen innerhalb von einigen Wochen oder Monaten angestrebt werden. Richten Sie einen verbindlichen Tagesordnungspunkt in den nächsten Teambesprechungen ein, um beispielsweise alle vier Wochen anhand von einzelnen Messwerten zu erheben:

- „Was hat sich bereits verbessert? In welchen Bereichen besteht noch Handlungsbedarf?"

- „Welche zusätzlichen Maßnahmen werden (von Sitzung zu Sitzung) eingeleitet, um wahrgenommene Informationslücken zu schließen?"

Geben Sie Ihren Mitarbeitern zu erkennen, dass Sie sich konsequent darum bemühen, den Informationsaustausch im Team zu strukturieren und weiter zu optimieren. Leisten Sie dazu selbst einen sichtbaren Beitrag. Nehmen Sie sich z. B. vor, jeweils zu Beginn von Teambesprechungen eine Statusübersicht zu aktuellen Entwicklungen mit Belang für Ihre Organisationseinheit im Überblick einzubringen. Achten Sie darauf, dass Sie verfügbare Unterlagen oder elektronische Informationen unmittelbar und gezielt an Ihre Mitarbeiter weitergeben. Gewöhnen Sie es sich an, das Thema „Verbesserung des Wissens- und Informationsaustauschs" von Zeit zu Zeit wieder neu in Ihre Besprechungen zu integrieren. Wirken Sie frühzeitig dem Eindruck entgegen, dass etwas nicht weitergeben, vorenthalten oder an Einzelnen vorbei geleitet wird.

Ihre Akzeptanz als Führungskraft hängt entscheidend davon ab, dass Ihre Mitarbeiter erkennen, dass Sie sich glaubhaft um einen guten Informationsaustausch im Team bemühen – selbst wenn nicht immer Sie derjenige sind, der die nötigen Informationen bereitstellt. Insofern tun Sie gut daran, ein hohes Maß an eigenständiger Informationssteuerung im Team zu fördern. Es sollte nicht den Anschein haben, dass nur Sie dafür verantwortlich sind, wichtige Informationen bereitzustellen. Im Gegenteil: Beständiger Informationsaustausch ist eine gemeinschaftliche Aufgabe im Team, an der sich jeder im Rahmen seiner Möglichkeiten tatkräftig zu beteiligen hat. Dies setzt ein fortgesetztes Sich-Bemühen und ein wechselseitiges Geben und Nehmen voraus.

So wirken Sie einer wahrgenommenen Informationsüberflutung entgegen:

Sie werden damit konfrontiert, dass einzelne Mitarbeiter sich über zu viele eingehende Informationen beklagen. Typische Bemerkungen lauten:

- „Wann soll ich das alles durcharbeiten?
- „Es kommt viel zu viel auf meinen Tisch. Das benötige ich doch gar nicht alles.
- „Ich werde mit E-Mails überschüttet.
- „Ich sehe den Wald vor lauter Bäumen nicht mehr.

Wie verhalten Sie sich als Teamleiter?

Nehmen Sie solche Äußerungen ernst und finden Sie die Gründe für die Klagen Ihrer Mitarbeiter heraus: Werden solche Bemerkungen öfters getätigt? Haben Sie den Eindruck, dass zu viele Informationen weitergegeben werden? Wie stellt sich die Arbeitssituation und Arbeitsbelastung der einzelnen Mitarbeiter dar? Legen Sie zunächst nicht alles auf die Goldwaage. Manchmal werden flapsige Äußerungen getätigt, die aus einem spontanen Affekt heraus entstehen. Einige Stunden später kann sich die Situation schon wieder entspannt haben.

Wenn jedoch wiederholt von Mitarbeitern über eine zu hohe Informationsfülle geklagt wird, kann dies Ausdruck einer Überforderung, einer ineffizienten Arbeitsorganisation oder einer unzureichenden Kommunikation im Team sein. Suchen Sie das direkte Gespräch mit dem jeweiligen Mitarbeiter und kümmern Sie sich um eine Analyse der Arbeitsplatzbedingungen. Klären Sie gemeinsam mit dem Betreffenden, wieso der Eindruck entsteht, dass zu viele Informationen kursieren.

Beraumen Sie ein gesondertes Team-Meeting an, um den Status der Informationsweitergabe einer näheren Betrachtung zu unterziehen. Insbesondere dann, wenn mehrere Mitarbeiter Ihnen gegenüber bemängeln, dass die Informationen nicht richtig fließen und auf den Einzelnen zu viel einströmt, kann dies ein Anzeichen für eine unzureichende Arbeitsorganisation im Team sein: Es wird zwar über zu viele Informationen geklagt, tatsächlich aber funktioniert die interne Abstimmung im Team nicht so, wie es sein sollte. Gehen Sie deshalb den Kommentaren Ihrer Teammitglieder auf den Grund und nehmen Sie eine **systematische Ist-Analyse** vor:

- Welche Informationen werden nach Auffassung einzelner oder mehrerer Mitarbeiter nicht zweckmäßig weitergeben?

- Wie kommt es dazu, dass Teammitglieder den Eindruck gewinnen, dass irrelevante Informationen auf sie einströmen?

- Wer ist dafür verantwortlich, dass die Informationen nicht richtig fließen? Welche Anteil tragen womöglich Sie, die Kollegen oder der betreffende Mitarbeiter selbst?

- Können einzelne Mitarbeiter Prioritäten nicht richtig setzen? Ist die individuelle Arbeitsorganisation gemäß den vereinbarten Aufgabenschwerpunkten und Zielsetzungen verbesserungsbedürftig?

- Besteht Qualifizierungsbedarf im Hinblick auf eine effektive Informationsbeschaffung und -verwertung? Trennen Ihre Mitarbeiter Wesentliches und Unwesentliches auf Anhieb oder benötigen sie dazu zusätzliche Hilfestellungen? Können Sie Ihre Mitarbeiter dabei unterstützen, besser zu filtern, was jeweils für den persönlichen Aufgabenbereich von Bedeutung ist – und was nicht?

- Welche Rolle spielt Ihr eigenes Verhalten als Teamleiter bei der Informationsweitergabe? Bringen Sie zu viele Unterlagen, Kopien, Materialien, Medien oder elektronischen Dokumente in Umlauf? Gibt es einzelne Kollegen, die andere nicht zweckmäßig informieren oder unzureichend in anstehende Arbeits- und Austauschprozesse einbeziehen?

Es gibt die unterschiedlichsten Gründe dafür, dass ein Mitarbeiter über ein Zuviel an Informationen klagt. Eine zentrale Frage lautet dabei, warum der jeweilige Mitarbeiter nicht von sich aus aktiv wird, um zum Zeitpunkt des Eintreffens der jeweiligen Informationen gegenzusteuern. Die subjektive Wahrnehmung einer Informationsüberflutung kann auch Ausdruck einer Kommunikationsstörung im Team sein. Warum kommt es überhaupt so weit, dass Einzelne das Gefühl entwickeln, unter einem Berg von Informationen zu versinken?

Nehmen Sie sich die Zeit, hinter die Fassade zu schauen, bevor Sie auf eine schnelle Lösung drängen:

(1) Gibt es Ansatzpunkte dafür, um den Informationsaustausch und das Miteinander im Team unmittelbar zu verbessern?

(2) Können Sie durch vertrauensvolle Gespräche mit dem jeweiligen Mitarbeiter darauf hinwirken, dass er besser erkennt, was für ihn von Belang ist?

(3) Lässt sich durch gezielte Absprachen im Team erreichen, dass der Informationsfluss besser kanalisiert und gebündelt wird?

Unter Umständen beschreibt ein Mitarbeiter, der sich über die große Informationsfülle beklagt, ein tatsächlich vorhandenes Defizit. Dies signalisiert zugleich Handlungsbedarf für Sie selbst. Wirken Sie deshalb als Teamleiter durch eine strukturierte Vorgehensweise auf einen reibungslosen Informationsfluss in Ihrem Verantwortungsbereich hin.

5.3 Wie tragen Sie zur Steuerung des Informationsflusses bei?

Weiterführende Fragen zur Eigenreflexion:

(1) Was können Ihre Mitarbeiter selbst leisten, um die Quantität an eingehenden Informationen auf ein vernünftiges Maß zu reduzieren? Wie wirken Einzelne am besten darauf hin, den Aussagegehalt von Informationen für sich selbst zu steigern?
Lenken Sie den Blick auf Optimierungschancen im Bereich der effektiven Arbeitsorganisation.
(2) Wie können elektronische Medien, computergestützte Informationsquellen und Wissenstechnologien wirkungsvoll genutzt werden, um Informationen zu bewerten und zu verarbeiten?
Prüfen Sie die Möglichkeiten von Hard- und Softwaretools, Intranet und Internet sowie flexiblen Informations- und Projektmanagement-Systemen, um den Einzelnen zu entlasten.

(3) Inwiefern gibt es Verbesserungsmöglichkeiten in der Kommunikation im Team? Kann der Informationsaustausch besser abgestimmt und vernetzt werden? Gibt es Ansatzpunkte dafür, dass die Kolleginnen und Kollegen die Informationsweitergabe untereinander besser organisieren?

Treffen Sie geeignete Vereinbarungen im Team und leiten Sie dazu anschließend überprüfbare Maßnahmen ein.

(4) Welche Rolle spielt der Informationsfluss im Unternehmen, z. B. an der Schnittstelle zu Nachbarabteilungen oder in der Wertschöpfungskette von einzelnen Lieferanten bis hin zum Kunden? Fließen Informationen hierarchieübergreifend auch ohne ihre direkte Mitwirkung? Welchen Beitrag können Sie leisten, damit Informationen von über- oder nebengeordneten Einheiten punktgenau weitergegeben werden?

Stellen Sie sicher, dass Ihre Mitarbeiter diejenigen Informationen erhalten, die sie tatsächlich benötigen.

(5) Welche Rolle spielt Ihr eigenes Führungsverhalten beim internen Informationsmanagement? Muten Sie einzelnen Mitarbeitern zu viel zu? Gibt es Hinweise für eine Überforderung oder ein erhöhte Arbeitsbelastung bei Ihren Mitarbeitern?

Klären Sie in Mitarbeitergesprächen, wie Sie Wahrnehmungen einer Informationsüberflutung durch klare Zielabsprachen, besseres Informationsverhalten oder Coaching Ihrer Mitarbeiter entgegenwirken können.

6. Kapitel

Eröffnen Sie Gestaltungsspielräume

6.1 Wie ermöglichen Sie mehr Selbststeuerung und Eigeninitiative?

Ein hohes Maß an Kundenorientierung und eine effiziente Arbeitsorganisation in Ihrem Team setzen voraus, dass Ihre Mitarbeiter
eigenständig und ergebnisorientiert handeln. Dazu gehört, dass Ihre
Mitarbeiter sich darum bemühen, gemäß ihren Kenntnissen, Fähigkeiten und Stärken eine gute Leistung zu zeigen. Förderlich hierfür
ist eine hohe Eigenmotivation, d. h. eine „intrinsische" Motivation.
Damit ist gemeint: Die Mitarbeiter sind von sich aus mit Engagement und Identifikation bei der Sache, da ihnen ihre Arbeit Spaß
macht. Sie spornen sich selbst an und sind von der Sinnhaftigkeit
ihres Tuns überzeugt. Ein Großteil der Motivation ergibt sich folglich durch den der Tätigkeit innewohnenden Anreizcharakter und
die Freude bei der Arbeit.

Wer spontan von sich aus das Heft in die Hand nimmt, kann mehr
erreichen als ein Mitarbeiter, der nur auf äußere Anforderungen
reagiert. Wenn Motivation im Unternehmen vorrangig durch externe Anreize hergestellt wird, verhalten sich Mitarbeiter oft taktisch. Sie sind eher daran interessiert, den erzielten Nutzen gemäß
den eigenen Interessen zu maximieren. Extrinsische Motivations-
faktoren wie eine Gehaltserhöhung, variable Vergütungsbestandteile
oder gewährte Zusatzgratifikationen sind zwar für viele Mitarbeiter

ebenfalls von hoher Bedeutung. Aber ein beständiger, überzeugter Einsatz und eine anhaltende Zufriedenheit der Mitarbeiter werden dadurch nur bedingt erreicht.

Äußere Anreize verpuffen schnell in ihrer psychologischen Wirkung und müssen im Laufe der Zeit immer wieder „nach oben geschraubt werden", damit sie ihren motivierenden Charakter nicht verlieren. Deshalb ist es entscheidend, dass Mitarbeiter gerade bei komplexen, service- und kundenorientierten Tätigkeiten nicht nur „des Geldes wegen" arbeiten. Die meisten Mitarbeiter wünschen sich, dass Sie respektvoll behandelt und kompetent geführt werden. Dazu gehören eine angenehme Atmosphäre im Team und persönliche Entwicklungsmöglichkeiten. Die Arbeit selbst soll als sinnhaft erlebt werden, wozu auch positive, anerkennende Rückmeldungen von Vorgesetzten und Kollegen gehören.

Viele Mitarbeiter sind auch unzufrieden, wenn sie nur „nach Schema F" arbeiten dürfen. Wird häufig angewiesen, kontrolliert und reglementiert, entsteht nur selten das Gefühl, eigenverantwortlich gestalten zu können. Alles nur exakt nach Stellbeschreibung abzuarbeiten, dürfte kaum jemand wirklich motivieren. Insofern werden Sie als Teamleiter mehr Akzeptanz finden, wenn Sie Ihren Mitarbeitern die Chance einräumen, mündig und selbstbestimmt zu agieren. Das setzt voraus, dass Ihre Teammitglieder über die nötigen Qualifikationen verfügen und in eigener Regie Ziele verfolgen.

Damit ist nicht gemeint, dass alles dem freien Belieben der Mitarbeiter überlassen wird, oder dass Sie als Teamleiter gar einen „Laissez-faire-Führungsstil" praktizieren. Ganz im Gegenteil: Klare Vereinbarungen über Ziele und Aufgabenschwerpunkte sind hierzu hilfreich. Gleiches gilt für präzise Festlegungen von Meilensteinen und erwünschten Ergebnissen sowie die ständige Orientierung an den Kundenerwartungen und den Kriterien wirtschaftlichen Handelns. Aber innerhalb der definierten Rahmenbedingungen kann es nur von Vorteil sein, wenn Sie Mitarbeiter dazu ermuntern, selbstständig Prioritäten zu setzen und eigene Lösungswege zu beschreiten. Dies bedeutet, angemessene Spielräume zu gewähren, damit aus gesammelten Erfahrungen und gemachten Fehlern gelernt werden kann.

Greifen Sie nicht sofort ein, wenn anscheinend etwas nicht nach Plan läuft. Lassen Sie Eigeninitiative zu und vertrauen Sie auf die Leistungsfähigkeit, die fachliche Kompetenz und das Engagement Ihrer Teammitglieder. Als Vorgesetzter haben Sie zwar durchaus Zuständigkeiten und Arbeitsabläufe festzulegen. Dazu gehören auch Kontrollverpflichtungen. Je weniger Sie jedoch formell vorschreiben und je mehr sie durch Unterstützung, Beratung und Förderung aktiv begleiten, desto eher werden Sie ein hohes Maß an selbstgesteuerter Teamarbeit erreichen.

So können Sie wirksam delegieren und Verantwortung an Ihre Mitarbeiter übertragen:

Sie haben sich vorgenommen, Ihren Mitarbeitern Aufgaben zur eigenständigen Bearbeitung zuzuweisen. Dazu wollen Sie konsequent delegieren, ohne Ihre Mitarbeiter zu überfordern. Ihre Mitarbeiter sollen in die Lage versetzt werden, gemäß vereinbarten Zielen und Aufgabenschwerpunkten selbst zu entscheiden, welche Vorgehensweisen und Lösungsmethoden sie jeweils wählen möchten.

Als Teamleiter, der seine Funktion neu übernommen hat, werden im Laufe der ersten Woche vielfältige Aufgaben an Sie herangetragen. Zum einen werden Vorgesetzten Ihnen spezielle Aufträge übermitteln. Zum andern haben Sie den Anforderungen Ihrer Organisationseinheit gerecht zu werden. Ihre wesentlichen Ziele werden dabei aus den Erwartungen der internen und externen Kunden und der Vernetzung mit vor- oder nachgelagerten Schnittstellenbereichen abgeleitet.

Damit Sie mit Ihrem Team einen konstruktiven Beitrag in der Wertschöpfungskette erbringen können, sind die meisten Aufgabenstellungen von Ihren Mitarbeitern durch interdisziplinäre Kooperation und Kommunikation zu erledigen. Dazu gehört auch die Mitwirkung in Projekten, Arbeitskreisen oder hierarchieübergreifenden Arbeitsgruppen. Immer häufiger werden in Unternehmen Teams temporär zusammengestellt, um für eine zeitlich befristete Phase eine Sonderaufgabe zu lösen. Von den Mitarbeitern wird erwartet, dass sie solche Zusatzaufgaben neben ihren Kernaufgaben bewältigen. Dies bedeutet, dass sie sich dazu beispielsweise neben ihrem eigentlichen Job in einer oder mehreren Projektgruppen engagieren.

Es wird Ihnen wahrscheinlich nicht gelingen, sämtliche Aufgaben in einer Stellenbeschreibung oder einem Aufgabenprofil für jeden Ihrer Mitarbeiter festzulegen. Dadurch, dass sich Ziele auch unterjährig ändern und ständig neue Aufträge hinzukommen können, ist ein hohes Maß an Flexibilität gefordert, um den jeweiligen Anforderungen gerecht zu werden. Wenn Sie Ihre Mitarbeiter gemäß deren Stärken und Fähigkeiten einsetzen wollen, stellt sich immer wieder die Frage, wer für welche Tätigkeiten der Richtige ist. Für Sie ist auch wichtig zu klären, in welchem Ausmaß Sie selbst anleiten und unterstützen, um sicherzustellen, dass die Arbeiten erfolgreich und fristgerecht erledigt werden. Hierzu finden Sie im Folgenden einige Empfehlungen.

Prüfen Sie, welche Mitarbeiter am ehesten geeignet sind, um eine neue Aufgabe zu bewältigen. Analysieren Sie hierzu die gestellten Anforderungen, bevorzugt im Bereich der Fach-, Methoden- und Sozialkompetenz. Erstellen Sie am besten hierzu ein Anforderungsprofil.

Setzen Sie sich im Vorfeld mit den Mitarbeitern zusammen, denen Sie eine bestimmte Aufgabe übertragen möchten. Klären Sie, ob die Betreffenden sich dazu in der Lage fühlen, die Anforderungen zu bewältigen.

Nehmen Sie geäußerte Bedenken Ihrer Mitarbeiter ernst. Es kann der Fall auftreten, dass einzelne Teammitglieder bereits an der Kapazitätsgrenze arbeiten oder sich in Anbetracht der Komplexität einer Aufgabenstellung den Anforderungen nicht gewachsen fühlen.

Suchen Sie in diesem Fall gemeinsam mit Ihren Mitarbeitern nach einem Lösungsansatz. Sie können z. B. Prioritäten neu setzen, Aufgabenstellungen eingrenzen oder um Verfahrensvorschläge bitten. Vermeiden Sie einseitige Vorgaben, die bei Ihren Mitarbeitern Widerstände hervorrufen. Setzen Sie auf Dialog und Überzeugung. Versuchen Sie, Aufgaben auf die Voraussetzungen Ihrer Mitarbeiter hin maßzuschneidern. Üben Sie keinen Druck aus.

Treffen Sie Zielvereinbarungen oder erarbeiten Sie Eckpunkte einer angemessenen Aufgabenerledigung. Legen Sie Wert darauf, dass Ihre Mitarbeiter sich mit den übertragenen Aufgaben identifizieren und aus eigenem Antrieb an die Problemlösung herangehen.

Stimmen Sie bei einer Delegation die Komplexität der Aufgaben, die Ergebnisverantwortung und die individuellen Entscheidungsbefugnisse aufeinander ab. Sorgen Sie dafür, dass Ihre Mitarbeiter ihre Tätigkeiten eigenständig ausüben können.

Bilden Sie bei Bedarf eine Arbeitsgruppe, die gemeinsam an die Problemlösung herangeht. Fördern Sie eigengesteuerte Gruppenarbeiten in Ihrem Zuständigkeitsbereich. Legen Sie fest, wer für welche Resultate verantwortlich ist und wie die Ergebnissicherung in der Arbeitsgruppe sichergestellt wird. Es kann auch ein Gruppensprecher oder eine Prozessmoderator bestimmt werden, der eine informelle, zeitlich befristete Leitungsrolle übernimmt.

Greifen Sie in den Umsetzungsprozess im Regelfall nicht ein, wenn Sie eine Zielvereinbarung getroffen oder Meilensteine abgestimmt haben. Lassen Sie Ihre Mitarbeiter selbst entscheiden, wie sie eine Problemstellung aus fachlicher und methodischer Sicht bearbeiten. Bieten Sie Steuerungs- und Feedbackgespräche an, um den Prozess wirkungsvoll zu begleiten.

Überdenken Sie, unter welchen Bedingungen Sie bei der Bearbeitung einer spezifischen Aufgabenstellung mitwirken. Als Führungskraft tragen Sie Verantwortung dafür, Ihre Mitarbeiter ins Spiel zu bringen und sich selbst auf Ihre Führungsaufgaben zu konzentrieren. Dennoch kann es sein, dass Sie als Teamleiter selbst gefragt sind. Nicht immer empfiehlt es sich, sämtliche Aufgaben an Ihre Mitarbeiter zu delegieren. Beispielsweise können einzelne konzeptionelle Aufgaben in Ihren Händen liegen. Oder Sie übernehmen die Bearbeitung von Sonderaufgaben, die einen herausgehobenen Stellenwert haben und Ihre individuelle Erfahrung und Kompetenz erfordern. Denken Sie etwa an die Situation, dass Vorgesetzte an Sie herantreten und um Ihre persönliche Einschätzung, Stellungnahme oder Bewertung bitten.

Prüfen Sie in jedem Fall, ob nicht doch ein Mitarbeiter von Ihnen besser geeignet sein könnte, das jeweilige Problem zu lösen. Sie tun sich keinen Gefallen, wenn Sie sich als „oberster Sachbearbeiter" profilieren. Reichern Sie nicht Ihren sowieso schon gut gefüllten Schreibtisch mit Aufgabenstellungen an, die andere besser als Sie erledigen können: Dies wäre Zeitverschwendung, schlichtweg ineffizient und würde Sie in Ihrem Führungsauftrag unnötig behindern. Bedenken Sie, dass Sie künftig nicht als Fachspezialist reüssieren werden, sondern nur als vorausschauender Teamleiter, der den Überblick bewahrt und sich auf das Wesentliche konzentriert.

Spielen Sie Ihren Mitarbeitern mit Augenmaß und Geschick den Ball zu, um den für die jeweilige Aufgabe am besten Geeigneten direkt in Szene setzen. Vermeiden Sie es, selbst als fachlicher Ausputzer oder Libero brillieren zu wollen. Lassen Sie sich auch nicht durch Kapazitätsengpässe dazu verleiten, Ihre Führungsaufgaben zu vernachlässigen.

So fördern Sie die Eigeninitiative und die Selbststeuerung Ihrer Mitarbeiter im Team:

Für anstehende fachliche Aufgaben beabsichtigen Sie, eine Arbeitsgruppe zu bilden. Dazu sollen mehrere Mitarbeiter aus Ihrem Team gemeinsam an die Lösung eines Problems herangehen. Sie versprechen sich von der interdisziplinären Zusammenarbeit eine höhere Qualität bei der Lösungsfindung. Nach Ihrer Einschätzung wäre darüber hinaus ein Mitarbeiter alleine überfordert.

Denken Sie beispielsweise an ein innovatives Konzept für die Bearbeitung von Kundenreklamationen: Sie wollen erreichen, dass Beschwerden in Zukunft am besten überhaupt nicht mehr auftreten oder aber zügig zu einer zufriedenstellenden Kundenlösung führen. In Anbetracht der Komplexität der Aufgabe legen Sie die Verantwortung in die Hände eines kleinen Projektteams, das bis zu einem Stichtag praktikable Lösungsvorschläge erarbeiten soll.

Arbeitsgruppen zu bilden kann ein sinnvoller Weg sein, um ihre Mitarbeiter dafür zu gewinnen, anstehende Aufgaben effektiv und gemeinschaftlich zu bearbeiten. Überlegen Sie dazu im Vorfeld, ob eine Gruppenarbeit im Vergleich zu einer Einzelarbeit wirkungsvoller ist. Bedenken Sie die hierfür nötigen Ressourcen. Nicht immer lässt sich im Vorhinein erkennen, ob die Beauftragung einer Gruppe Vorteile hat. Folgende Kriterien sprechen für allem für die Gründung einer kleinen und kompetent besetzten Arbeitsgruppe:

(1) Die Problemstellung ist so gelagert, dass das fachliche Knowhow mehrerer Spezialisten am ehesten eine professionelle Problemlösung verspricht.

(2) Es sind verschiedene Lösungsansätze denkbar, die im Vergleich zueinander bewertet werden müssen. Dazu sollte das Problem aus unterschiedlichen Blickwinkeln beleuchtet werden, um eine optimale Lösung – nach Abschätzung des Pro und Contra – herbeizuführen.

(3) Durch die Zusammenarbeit in einer Arbeitsgruppe entsteht unter Umständen eine höhere Erfolgsmotivation bei den Beteiligten, um eine knifflige Aufgabenstellung gründlich zu durchdringen. Ein Mitarbeiter alleine würde schnell die Segel streichen oder sich in einer Sackgasse festfahren.

(4) Die Problemstellung hat den Charakter, dass mit vielfältigen Barrieren und Widerständen zu rechnen ist. In einer Arbeitsgruppe können Fallstricke und Klippen bei der systematischen Analyse eher umschifft werden.

(5) Die spätere Realisierung der Problemlösung ist mit Härten oder dem Überwinden einer Durststrecke verbunden. Wenn mehrere Mitarbeiter gemeinsam einen Lösungsvorschlag erarbeiten, den sie selbst für praktikabel halten, ist mit einer höheren Akzeptanz der Lösungsideen im Team zu rechnen.

Sofern Sie sich entscheiden, eine Arbeitsgruppe mit der Problemlösung zu betrauen, sollten Sie die Mitglieder im Vorfeld selbst auswählen. Sie können auch die Gruppe befragen, wer eventuell noch mit einzubeziehen ist, um die Handlungsfähigkeit der Gruppe sicherzustellen. Achten Sie darauf, mit der minimal nötigen Besetzungsstärke an die Aufgabenbearbeitung heranzugehen. Je größer die Gruppe, desto mehr Zeit wird für interne Kommunikations- und Abstimmungsprozesse benötigt.

Legen Sie gemeinsam mit der Gruppe die Ziele und die Anforderungen an die Lösungsqualität fest. Definieren Sie im Vorfeld die verfügbaren Ressourcen, insbesondere den Zeitrahmen und die vorhandenen Sachmittel oder weitere Personalkapazität, die bei Bedarf bereitgestellt werden kann. Denken Sie über vernünftige Meilensteine nach, falls es sich um ein komplexes Problem handelt, das eine gewisse Bearbeitungsdauer erfordert. Achten Sie auf realistische Zwischenziele und hängen Sie die Latte nicht zu hoch! Es ist wichtig, dass die Gruppe auch Erfolgserlebnisse erzielen kann. Insofern sind herausfordernde, aber nicht überhöhte Zielbeschreibungen zweckmäßig.

Lassen Sie die Mitglieder der Arbeitsgruppe selbst entscheiden, wie sie vorgehen möchten. Vermeiden Sie methodische Vorgaben. Geben Sie nur Empfehlungen, wenn Sie ausdrücklich danach gefragt werden. Delegation bedeutet, dass Sie Ihre Mitarbeiter befähigen und ermächtigen, eigenständig an Lösungen heranzugehen. Verzichten Sie insofern auf Rücksprachen, wenn es aufgrund besonderer Umstände nicht zwingend erforderlich ist. Je mehr Sie in die Gruppenarbeit eingreifen, desto unwahrscheinlicher wird es, dass die beauftragten Mitarbeiter selbstständig arbeiten. Die Wahrscheinlichkeit steigt, dass die Beteiligten sich nach Ihren Vorgaben oder Interventionen ausrichten. Selbst wenn Sie es gut meinen, behindern Sie damit eher den Lösungsprozess.

Rechnen Sie bei unbequemen Aufgabenstellungen mit Rückdelegationen. Einzelne Mitarbeiter bitten Sie unter Umständen, Hinweise zu geben, was als nächstes getan werden soll oder wünschen sich gar von Ihnen, dass Sie selbst bestimmte fachliche Aufgaben bearbeiten. Lassen Sie dies nicht zu. Nehmen Sie keine Rückdelegationen an. Verweisen Sie darauf, dass Sie gerade deshalb eine Arbeitsgruppe gebildet haben, weil Sie die Empfehlungen und Lösungsvorschläge Ihrer Mitarbeiter kennen lernen möchten. Halten Sie sich bedeckt mit Einschätzungen zu möglichen Lösungsansätzen – selbst wenn Sie dazu schon eigene Überlegungen haben. Äußern Sie sich dahingehend, dass Sie bei Bedarf durch Beratung unterstützen, aber nicht selbst an die Problemlösung herangehen werden. Erläutern Sie, dass Sie nach Abschluss der Gruppenarbeiten gerne Ihre Einschätzung zu den entwickelten Lösungsvorschlägen mitteilen. Greifen Sie nicht in die eigenständige, von Ihnen unabhängige Lösungsbearbeitung ein.

Eine Gefahr besteht darin, dass Sie die Gruppenarbeit so beeinflussen, dass am Ende diejenige Lösung präsentiert wird, von der die Gruppe glaubt, dass sie am ehesten Ihren Erwartungen entspricht. Oder es wird in Richtung einer Problemlösung gedacht, von der die Gruppenmitglieder glauben, dass sie am wahrscheinlichsten von Ihnen angenommen wird und Ihre Zufriedenheit als Vorgesetzter mit dem erreichten Ergebnis herbeiführt. Machen Sie deutlich, dass es Ihnen auf die beste Lösung ankommt, nicht auf eine Scheinlösung, die einen bequemen Weg bei der späteren Umsetzung verspricht. Auch unangenehme Wahrheiten sollten auf den Tisch kommen. Es wäre wenig erreicht, wenn Ihre Zufriedenheit als Vorgesetzter von Ihren Mitarbeitern höher als die Kundenzufriedenheit bewertet würde.

Lassen Sie erkennen, dass Sie auch an unkonventionellen Vorschlägen interessiert sind, sofern das Arbeitsergebnis eine effektive Problembeseitigung verspricht. Ermuntern Sie Ihre Mitarbeiter, sämtliche Lösungsvarianten zu durchdenken, selbst wenn sie anfänglich auf hohe Widerstände stoßen könnten. Verdeutlichen Sie, dass Sie das Ergebnis nach rein sachlichen Kriterien bewerten werden und ihre persönliche Meinung hinten anstellen, um ein hohes Maß an Kundenorientierung und wirtschaftlicher Effizienz zu erzielen. Ihre Mitarbeiter sollten den Eindruck gewinnen, dass Sie in deren Kompetenz vertrauen und sich nach ihrem fachlichem Urteil richten, um einen optimalen Lösungsansatz herauszuarbeiten. Sofern Sie als Teamleiter weitere, übergeordnete Maßstäbe zur Bewertung der Lösungsansätze einbeziehen müssen, können Sie Ihre eigenen Sichtweisen später immer noch einbringen. Zunächst hat die Gruppe den Auftrag, eine Problemlösung zu erarbeiten. Torpedieren Sie nicht die eigenständige Problembearbeitung durch unvermittelte Eingriffe Ihrerseits.

Wie wirken Sie einer fehlenden Bereitschaft, Verantwortung zu übernehmen, entgegen?

Sie möchten gerne Aufgaben, die erweiterte Gestaltungs- und Entscheidungsspielräume bieten, an einzelne Ihrer Mitarbeiter übertragen. Sie erleben jedoch Vorbehalte und Widerstände. Dabei gewinnen Sie den Eindruck, dass gegenüber den gestellten Anforderungen eine reservierte Haltung an den Tag gelegt wird. Sie hatten gehofft, dass spontanes Interesse bei Ihren Mitarbeitern besteht, herausfordernde Aufgaben mit gestalterischen Freiräumen in Angriff zu nehmen.

Denken Sie beispielsweise an ein Kundenprojekt, eine Konzeptarbeit oder die Mitwirkung in einer Arbeitsgruppe zur Entwicklung eines neuen Produktes.

Die betreffenden Mitarbeiter fragen Sie, ob nicht ein anderer Mitarbeiter eher geeignet wäre, oder ob nicht ein Kollege noch freie Kapazitäten haben könnte. Sie werden auch dahingehend angesprochen, ob Sie nicht selbst bei der Problembearbeitung mitwirken könnten.

In einer solchen Situation ist es am besten, wenn Sie zunächst die Gründe für die abwehrende Haltung bei den jeweiligen Mitarbeitern hinterfragen:

- Gibt es eventuell Kapazitätsengpässe? Haben Sie Mitarbeiter für Aufgaben vorgesehen, die hierfür weniger geeignet sind? Handelt es sich um Aufgaben, die aus Sicht Ihrer Mitarbeiter als unattraktiv oder als lästige Pflicht erlebt werden?

- Scheuen die Mitarbeiter das Risiko, Fehler zu machen, wenn sie die gewährten Gestaltungsspielräume ausschöpfen? Sind die Betreffenden es nicht gewohnt, eigenständig zu arbeiten und selbst zu entscheiden, da in der Vergangenheit vor allem die Vorgaben von Vorgesetzten umzusetzen waren?

- Wie erklärt es sich, dass Sie gefragt werden, ob Sie nicht selbst einzelne Aufgaben erledigen könnten? Stellt dies den Versuch einer womöglich unangemessenen Rückdelegation dar? Oder fühlen sich Ihre Mitarbeiter überfordert und bitten Sie um Ihre Unterstützung oder Ihren fachlichen Rat?

- Spüren Sie Vorbehalte gerade bei neuartigen Aufgabenstellungen, bei denen mehr Eigenverantwortung erwartet wird? Handelt es sich nur um einzelne Mitarbeiter, die Bedenken haben? Oder haben Sie generell den Eindruck, dass Ihre Mitarbeiter nur schwer zu motivieren sind und wenig Eigeninitiative zeigen?

Die fehlende Bereitschaft einzelner Mitarbeiter, neue Aufgaben mit erweiterten Gestaltungs- und Entscheidungsspielräumen zu übernehmen, sollte Sie zum Nachdenken bewegen. Selbstverständlich können Sie nicht erwarten, dass Ihre Mitarbeiter alles, was von Ihnen an sie herangetragen wird, automatisch mit Enthusiasmus aufgreifen. Allerdings ist es auffällig, wenn Ihre Mitarbeiter Aufgabenstellungen, die Sie als attraktiv bewerten, eher abwehrend begegnen. Da die Ursachen hierfür vielfältig sein können, sind vertiefende Team- oder Mitarbeitergespräche sinnvoll, um die Situation genauer zu beleuchten.

Es kann auch daran liegen, dass Sie zu viel von Ihren Mitarbeitern erwarten oder die jeweils besonderen Umstände bei einzelnen Mitarbeitern, z. B. im beruflichen oder auch privaten Umfeld, stärker beachten müssen. Zu denken ist beispielsweise an eine zeitweise erhöhte Arbeitsbelastung, Unzufriedenheit mit bestimmten Aufgabenschwerpunkten oder fehlende Erfahrung mit eigenverantwortlicher Aufgabenerledigung bei weit reichender Delegation. Es können auch Stressfaktoren eine Rolle spielen oder Probleme aus dem außerberuflichen Umfeld in das Arbeitsgebiet hineinwirken. In diesem Falle ist es sinnvoll, in vertraulichen Einzelgesprächen eine Standortbestimmung vorzunehmen und näher zu sondieren, ob Sie durch punktuelle Entlastung, gezielte Qualifizierung oder kontinuierliche Unterstützung Abhilfe schaffen können.

Sofern jedoch mehrere Mitarbeiter Bedenken äußern, ist zu empfehlen, in der Gruppe ein klärendes Gespräch zu führen. Dabei kann herausgearbeitet werden, welche Aufgaben aktuell anstehen, welche Verantwortung von wem bei der Erledigung übernommen wird, und wie die Prioritäten jeweils zu setzen sind. Der Vorteil einer Teambesprechung besteht darin, dass Sie mit den Beteiligten Vereinbarungen treffen können, was bis wann umgesetzt wird. Gleichzeitig stellen Sie sicher, dass alle die getroffenen Vereinbarungen mittragen.

Es kann erforderlich sein, dass Sie die Wichtigkeit und Dringlichkeit von einzelnen Aufgabenstellungen stärker verdeutlichen und auf die eigenverantwortliche Umsetzung hinwirken, selbst wenn Vorbehalte bestehen. Dies hat jedoch zur Folge, dass Sie einzelne Mitarbeiter dazu bewegen müssen, Aufgaben zu übernehmen, denen die Betreffenden reserviert gegenüberstehen. Dies kann als Drucksituation erlebt werden, was zusätzliche Widerstände hervorruft. Erläutern Sie in diesem Falle, warum die jeweiligen Aufgaben zu erledigen sind, und weshalb Sie gerade den jeweiligen Mitarbeiter ansprechen. Bieten Sie auf jeden Fall Ihre Begleitung an, z. B. durch Coaching-Gespräche, damit sich Ihre Mitarbeiter nicht alleine gelassen fühlen.

Verdeutlichen Sie die Gründe dafür, dass Sie eine bestimmte Aufgabe an Einzelne delegieren wollen – oder sogar delegieren müssen, da es eventuell übergeordnete Vorgaben gibt, an die Sie selbst gebunden sind. Nicht immer können Sie vollständigen Konsens herstellen oder eine harmonische Entscheidungsfindung herbeiführen. Es gibt Situationen, in denen Sie verbindliche Weichenstellungen einleiten müssen, wer was bis wann umzusetzen hat. Sie tun jedoch gut daran, Ihre Beweggründe zu erläutern und verständlich zu machen, warum Sie bestimmte Verantwortlichkeiten an einen Mitarbeiter übertragen. Verdeutlichen Sie, dass Sie nicht nur fordern, sondern auch fördern möchten.

Vermeiden Sie es, Ihre Mitarbeiter durch einseitige und autoritäre Vorgaben vor den Kopf zu stoßen. Dies belastet das Vertrauensverhältnis und das Arbeitsklima. Sie nehmen ansonsten in Kauf, dass Aufgaben nur widerwillig erledigt werden. Darunter leidet wahrscheinlich die Qualität der Aufgabenbearbeitung. Greifen Sie Einwände oder Vorschläge Ihrer Mitarbeiter soweit wie möglich auf, um eine gemeinsam getragene Lösung zu finden. Am besten ist es, wenn Sie das „Commitment" bzw. die Akzeptanz Ihrer Mitarbeiter durch einen kontinuierlichen Mitarbeiterdialog herbeiführen. Wenn Ihre Mitarbeiter es bisher nicht gewohnt waren, Gestaltungs- und Entscheidungsspielräume auszuschöpfen, können Ängste im Spiel sein, den Anforderungen nicht gerecht zu werden.

Ziehen Sie folgende Vorgehensweise in Betracht:

- Bitten Sie die betreffenden Mitarbeiter, ihre Vorbehalte in einem gesonderten Gespräch näher zu erläutern und eventuell in einigen Stichworten schriftlich zu präzisieren.

- Regen Sie Alternativvorschläge an, die aus Sicht der jeweiligen Mitarbeiter in Betracht kommen. Wie könnte die Aufgabenerledigung im Team so organisiert werden, dass die Einzelnen damit zufrieden sind und sich nicht benachteiligt fühlen?

- Lassen Sie verschiedene Vorgehensweisen im Vergleich betrachten. Bewerten Sie jeweils die Pros und Cons: Was spricht dafür? Was spricht dagegen? Welcher Weg ist aus Sicht Ihrer Mitarbeiter der Beste, um zum Ziel zu gelangen? Wie sehen Sie es selbst?

- Betonen Sie den Stellenwert von Kriterien wie Kundenorientierung, Wirtschaftlichkeit und Prozesseffizienz: Welcher Lösungsansatz ist unter diesen Gesichtspunkten der sinnvollste? Wer sollte warum welche Aufgaben übernehmen? Berücksichtigen Sie dabei individuelle Stärken, fachliche Kompetenzen und persönliche Vorlieben.

- Suchen Sie nach einem Kompromiss, der sowohl Ihre Ziele als auch die Belange der Mitarbeiter berücksichtigt. Arbeiten Sie den kleinsten gemeinsamen Nenner heraus, der sicherstellt, dass Ihre Mitarbeiter engagiert an die anstehenden Aufgaben herangehen. Eigenverantwortliches Handeln lässt sich nicht verordnen. Weisen Sie auf die Chancen zur persönlichen Weiterentwicklung an den gestellten Anforderungen hin. Machen Sie deutlich, dass Sie niemanden in die Enge treiben oder überfordern wollen.

- Wenn „alle Stricke reißen", kann es erforderlich sein, dass Sie Ihre Position durchsetzen. Erklären Sie in diesem Falle, warum Sie auf Ihrer Sicht beharren und darauf bestehen, dass einzelne Mitarbeiter eine bestimmte Aufgabe oder Verantwortung übernehmen. Wählen Sie ein solches Vorgehen, bei dem Sie Ihre Vorgabe auch gegen geäußerte Bedenken durchsetzen, aber nur als Ausnahme in gut begründeten Einzelfällen. Erläutern Sie dazu übergeordnete Notwendigkeiten und Ihre eigene Verantwortung, um Ihre Entscheidung nachvollziehbar zu machen. Unter Umständen ergeben sich neue Erkenntnisse, wenn mit der Umsetzung trotz Vorbehalten erst einmal begonnen wird. Sie können dann später gemeinsam mit Ihren Mitarbeitern die Situation wieder analysieren. Vielleicht stellen sich sogar erste Erfolgserlebnisse ein, die neu motivieren.

6.2 Wie stärken Sie die Eigenverantwortlichkeit und Selbststeuerung Ihrer Mitarbeiter?

Überprüfen Sie anhand der nachfolgenden Checkliste, durch welche Aktivitäten Sie als Teamleiter die Eigeninitiative Ihrer Mitarbeiter fördern können.

Maßnahme	Nutzen	Zeitlicher Rhythmus
Treffen von Zielvereinbarungen mit allen Mitarbeitern	Ableiten von Team- und Individualzielen, Festlegen von Aufgabenschwerpunkten und Tätigkeitsprofilen	Mindestens 1 – 2 mal p.a.
Führen von strukturierten Mitarbeitergesprächen	Standortbestimmung zu Stärken und persönlichen Entwicklungsbereichen, Selbst-/Fremdbildabgleich, Leistungsfeedback, Qualifizierungs- und Förderplanung	Mindestens 1 mal p.a.
Meilensteingespräche und unterjährige Zwischengespräche	Begleitung der Zielverfolgung und Aufgabenerledigung, punktuelle Beratung und Unterstützung	Kontinuierlich bei Bedarf, mindestens 2 – 3 mal p.a.
Teamworkshop mit Klärung des Teamauftrages, Workshop zur Förderung der internen Kommunikation und Kooperation	Gemeinsame Standortbestimmung im Team, Klärung von Teamrollen und Kommunikationsstrukturen, Konfliktmanagement	1 – 2 mal p.a., Dauer jeweils ca. 1 – 3 Tage
Konsequente Delegation von fachlichen Aufgaben	Förderung der Eigensteuerung, Harmonisierung von Aufgaben, Entscheidungskompetenzen und Verantwortungsspielräumen	Kontinuierlich, abgestimmt auf Zielvereinbarungen, Aufgabenschwerpunkte (Tätigkeitsprofil) und laufende Projekte
Interdisziplinäre Projektarbeiten sowohl im Team als auch in hierarchieübergreifenden Arbeitsgruppen, Mitwirkung in Prozessteams	Anforderungsorientierter, temporärer Mitarbeitereinsatz gemäß Projektprioritäten	Je nach strategischen Zielen und Erfordernissen aus dem übergreifenden Projektcontrolling im Unternehmen
Zielbewertungs- und Check-up-Gespräche, Ergebnis-Reporting, skillorientierte Personalentwicklungsplanung	Rückmeldung zur Zielerreichung, Ableiten von Optimierungsansätzen für die zukünftige Zielerreichung, Kompetenz- und Potenzialanalyse	1 mal p.a. oder nach Ende eines Zielvereinbarungszyklus

7. Kapitel

Suchen Sie den Dialog:
Führen Sie regelmäßig Mitarbeitergespräche

Vertiefte Gespräche zwischen Führungskraft und Mitarbeitern sind die wesentliche Grundlage einer vertrauensvollen und produktiven Zusammenarbeit. Es wäre aus der Perspektive eines souveränen Führungsstils unprofessionell, wenn Mitarbeitergespräche vernachlässigt oder nur zwischen Tür und Angel geführt werden. Streng genommen greift die Bezeichnung Mitarbeitergespräche zu kurz, da es sich um Gespräche handelt, die gleichermaßen von Führungskraft und Mitarbeiter initiiert werden können. In manchen Firmen hat sich dazu auch der Begriff „Führungsgespräche" eingebürgert. Die Titulierung ist letztlich nachrangig. Entscheidend ist vielmehr, wie dieser Dialog gestaltet wird und was durch ihn bewirkt wird.

> **Wichtig:**
>
> Ein gut geführtes Mitarbeitergespräch bietet beiden Gesprächspartnern die Chance, eigene Anliegen vorzutragen und auf einer partnerschaftlichen Gesprächsgrundlage in einen Gedankenaustausch einzutreten. Dies setzt voraus, dass hierarchische Aspekte keine Rolle spielen und stattdessen ein positives, für beide Seiten angenehmes Gesprächsklima im Mittelpunkt steht. Wünschenswert ist eine faire Aussprache auf gleicher Ebene, ohne dass einer der beiden Gesprächspartner den anderen dominiert, beeinflusst oder subtil in eine bestimmte Richtung lenkt.

Mitarbeitergespräche können sehr unterschiedliche Gesprächsinhalte zum Gegenstand haben. In anlassbezogenen Gesprächen werden Themen aus dem aktuellen Arbeitsumfeld behandelt. Dazu gehören Abstimmungen im Tagesgeschäft, wechselseitige Rückmeldungen oder Absprachen zum Umgang mit aufkommenden Problemen bei der Aufgabenerledigung.

In grundsatzorientierten Mitarbeitergesprächen bzw. strukturierten Jahresgesprächen wird eine Standortbestimmung vorgenommen, wie sich die Zusammenarbeit über einen längeren Zeitraum darstellt. Dies umfasst einen gemeinsamen Rückblick auf die bisherige Zusammenarbeit und eine vertiefte Analyse der Ist-Situation, z. B. zu Kundenanforderungen, zur Qualität von Leistungen und Arbeitsergebnissen oder zum Status der internen Kommunikation und Kooperation. Ergänzt werden können solche Besprechungspunkte durch einen perspektivischen Blick in die Zukunft, bei dem künftige Anforderungen näher beleuchtet werden. Dies beinhaltet auch die Erarbeitung von Unterstützungs-, Qualifizierungs- oder Fördermaßnahmen, die es dem Mitarbeiter erleichtern, neue Herausforderungen zu bewältigen.

Ein ausführliches Mitarbeitergespräch, das nicht spontan aus einem aktuellen Anlass heraus geführt wird, sollte von beiden Seiten gut vorbereitet und somit nicht „aus dem Stand heraus" geführt werden. Beide Seiten können sich im Vorfeld Gedanken zu ihren Sichtweisen und Erwartungen zu einzelnen Besprechungsinhalten machen. Deshalb ist es sinnvoll, sich auf die wesentlichen Gesprächsthemen im Vorhinein zu verständigen. Gerade auch der Mitarbeiter sollte die Chance erhalten, seine Arbeitssituation aus seinem persönlichen Blickwinkel zu beleuchten.

Gute Führung setzt voraus, dass Sie als Teamleiter die Sichtweisen Ihrer Teammitglieder hören und sich ernsthaft damit auseinandersetzen. Es wäre unklug, wenn Sie Ihre Mitarbeiter überfahren, sie vor vollendete Tatsachen stellen oder nur ihre eigenen Sichtweisen gelten lassen. Ein strukturiertes Mitarbeitergespräch, das die Betrachtung der gemeinsamen Zusammenarbeit zum Gegenstand hat, sollte Raum bieten für gegenseitige Rückmeldungen – gerade auch vom Mitarbeiter an die Führungskraft und zum erlebten Führungsstil. Dazu gehören Verbesserungsvorschläge und wechselseitige Anregungen, um sowohl die Produktivität als auch die Zufriedenheit am Arbeitsplatz zu fördern.

Wichtig:

Nehmen Sie sich ausreichend Zeit für Mitarbeitergespräche und signalisieren Sie dadurch gegenüber Ihrem Team, dass Sie Ihre Führungsaufgabe ernst nehmen. Suchen Sie den persönlichen Kontakt zu Ihren Mitarbeitern, auch wenn dies in Anbetracht der Fülle von Verpflichtungen, Terminen oder Dienstreisen nicht immer einfach ist. Nehmen Sie sich vor, nicht nur schriftlich, per E-Mail oder via Telefon zu kommunizieren, sondern das Gespräch von Angesicht zu Angesicht zu führen. Dadurch leisten Sie einen sichtbaren Beitrag, um persönliche Nähe herzustellen und das Vertrauensverhältnis aufzubauen.

Achten Sie darauf, dass ein Mitarbeitergespräch einen angemessenen, nach hinten offenen Zeitrahmen bietet, damit einzelne Besprechungspunkte nicht unter Zeitdruck abgearbeitet werden. Ermöglichen Sie einen freien Gedankenaustausch in einer entspannten, ungestörten Atmosphäre, bei dem auch Themen auf den Tisch kommen können, die im Vorhinein gar nicht eingeplant waren. Manchmal sind diese unvorhergesehenen Besprechungsinhalte entscheidend, um einer konstruktiven Zusammenarbeit zusätzliche Impulse zu verleihen. Verstehen Sie sich als engagierter Zuhörer, der auf ausgewogene Gesprächsanteile achtet.

Wichtig:

Stellen Sie sich Rückmeldungen, die Sie von Ihren Teammitgliedern erhalten. Das Gespräch sollte gerade dem Mitarbeiter die Möglichkeit bieten, sich Ihnen gegenüber zu öffnen und eigene Wünsche und Bedürfnisse anzusprechen. Verstehen Sie deshalb das Mitarbeitergespräch nicht zuletzt als Forum, um die Mitarbeiterzufriedenheit zu fördern und um eine tragfähige Zusammenarbeit weiter auszubauen.

7.1 Wie gestalten Sie ein vertrauensvolles und partnerschaftliches Mitarbeitergespräch?

Es gibt keine Patentrezepte, um ein Mitarbeitergespräch optimal zu gestalten. Vieles hängt von Ihrem Fingerspitzengefühl, der jeweiligen Situation und Ihrer individuellen Herangehensweise ab. Insofern sind alle Vorschläge und Empfehlungen hierzu mit Vorbehalt zu betrachten. Entscheidend ist, dass Sie Ihren Gesprächspartner auf der persönlichen Ebene mit Respekt ansprechen und durch eine einfühlsame, achtsame Gesprächsführung zu einem positiven Gesprächsverlauf beitragen.

Jeder Gesprächspartner ist einzigartig und jede Gesprächssituation erfordert ein individuelles Vorgehen von Ihnen, um sich auf Ihr Gegenüber einzustellen. Wenn Sie ein Mitarbeitergespräch nur mechanisch nach einem bestimmten Schema führen, kann dies schon Irritationen auslösen. Strukturieren Sie stattdessen das Mitarbeitergespräch so, dass der andere sich in seinen Belangen ernst genommen fühlt. Insofern kommt es weniger auf rhetorische Brillanz oder eine perfekte Gesprächssteuerung an. Förderlich ist Ihr Willen, zwischen den Zeilen herauszuhören, was Ihrem Gegenüber jeweils wichtig ist und zugleich Ihre eigenen Ziele im Blick zu behalten.

> **Wichtig:**
>
> Führen Sie anlassbezogene Gespräche zeitnah mit Bezug auf die jeweilige Situation. Verschleppen Sie nichts. Sprechen Sie von Ihrer Seite mit Bezug auf die Ereignisse und das wahrgenommene Verhalten klar und verständlich an, was Sie anzumerken haben: z. B. eine anerkennende Rückmeldung zu geben, einen Verbesserungsvorschlag zu machen oder einfühlsam Kritik zu üben. Achten Sie darauf, Ihr Gegenüber nicht persönlich anzugreifen und gerade bei nötiger Kritik sorgfältig zwischen dem jeweiligen Verhalten und der Person zu trennen. Vermeiden Sie Verletzungen durch eine unpassende Wortwahl, unfaire Angriffe oder überhebliche Äußerungen, bei denen Sie den anderen spüren lassen, dass Sie am längeren Hebel sitzen.

Respektieren Sie stattdessen Ihren Gesprächspartner stets in seiner Persönlichkeit und in seinen Beweggründen. Bemühen Sie sich, zu verstehen, warum ein Mitarbeiter sich in einer bestimmten Art und Weise verhält, bevor Sie Kritik üben. Vielleicht ergeben sich Anhaltspunkte dafür, dass der Betreffende es gut gemeint hat, aber nicht die richtige Wortwahl oder das passende Vorgehen gefunden hat, um ein spezielles Problem zu lösen. Machen Sie sich im Vorfeld eines Gesprächs Gedanken darüber, wie Sie den Dialog so gestalten, dass ein konstruktiver Verlauf wahrscheinlich ist.

BEISPIEL: Sie beabsichtigen, mit einem Mitarbeiter ein Grundsatzgespräch zu führen, in dem Sie über die bisher gezeigten Leistungen, die bevorstehenden neuen Aufgaben und die Erwartungen an seinen künftigen Leistungsbeitrag sprechen möchten.

Nutzen Sie ein solches Mitarbeitergespräch dazu, um das Vertrauensverhältnis zu Ihrem Mitarbeiter zu vertiefen. Führen Sie das Gespräch unter positiven Vorzeichen. Selbst wenn Sie das eine oder andere zu kritisieren haben oder sich Verhaltensänderungen wünschen, stellt ein solches Gespräch eine Chance da, um mehr Gemeinsamkeiten auf der Beziehungsebene zu schaffen. Betrachten Sie den Gedankenaustausch unter dem Gesichtspunkt der Mitarbeitermotivation: Je besser es Ihnen gelingt, Ihrem Mitarbeiter gegenüber Wertschätzung zum Ausdruck zu bringen und ihm gleichzeitig Ihre Unterstützung anzubieten, desto eher wird er künftig engagiert und mit innerer Überzeugung bei der Sache sein.

Wenn Sie stattdessen vor allem ansprechen, was Sie stört, was Sie künftig an Mehrleistung erwarten oder was von seiner Seite alles anders gemacht soll, brauchen Sie sich nicht zu wundern, wenn Sie Ihr Gegenüber in die Defensive drängen. Wer hört schon gerne ständig Kritik? Wer möchte von seinem Chef gesagt bekommen, was alles nicht okay ist und warum die Leistung nicht stimmt? Frustrationen und Abwehrhaltungen sind vorprogrammiert, wenn Sie darauf abheben, was Ihr Mitarbeiter bisher alles falsch gemacht hat. Wundern Sie sich nicht darüber, dass Ihr Gesprächspartner sich unter Druck gesetzt fühlt und mit Widerstand reagiert, sofern Sie erkennen lassen, dass Sie etwas an ihm auszusetzen haben.

Selbst wenn Sie nur Andeutungen in diese Richtung machen, kann ein gut gemeintes Mitarbeitergespräch seine Wirkung verfehlen und das Gegenteil von dem bewirken, was Sie erreichen wollen. Falls Sie Kritik zu üben haben, sollte diese zeitnah sowie bezogen auf den Situation und das gezeigte Verhalten ausgesprochen werden. Beachten Sie den Unterschied zwischen einem anlassbezogenen Kritikgespräch und dem strukturierten Mitarbeitergespräch zur gemeinsamen Standortbestimmung.

Richten Sie ihre Aufmerksamkeit sorgfältig auf Ihre Wortwahl, Ihre Kommentare und auf Ihre nonverbalen Signale, die Sie mehr oder weniger deutlich über Ihre Gestik, Mimik oder Körperhaltung zum Ausdruck bringen. Ihr Mitarbeiter wird wahrscheinlich rasch bemerken, ob Sie das Gesagte ernst meinen. Wenn Sie beispielsweise Anerkennung und Lob aussprechen, sollte dies glaubhaft bei Ihrem Gegenüber ankommen. Ihr Mitarbeiter könnte Ihre wohlwollend gedachten Äußerungen auch uminterpretieren und den Eindruck gewinnen, dass Sie ihm Honig um den Mund schmieren wollen.

Eine anfänglich ausgesprochene Anerkennung weckt unter Umständen sogar den Anschein, dass Sie es damit gar nicht ernst meinen und wahrscheinlich später noch zu den Punkten kommen, die Sie zu kritisieren haben. Oder Ihre Äußerungen werden so eingeschätzt, dass Sie unterschwellig etwas zu bemängeln haben, indem Sie gute Leistungen hervorheben. Manche Mitarbeiter sind dies nicht gewohnt, reagieren überrascht und gelegentlich sogar irritiert. Lassen Sie unmissverständlich erkennen, dass Sie gezeigte Leistungen würdigen und Anerkennung nicht aus taktischen Gründen aussprechen.

7.2 Wie können Sie den Mitarbeiterdialog zweckmäßig strukturieren?

Wählen Sie einen angenehmen Gesprächseinstieg. Fallen Sie nicht mit der Tür ins Haus. Erläutern Sie gleich zu Beginn, welchen Zweck das Gespräch hat und was Sie erreichen wollen. Geben Sie einen Überblick über die wesentlichen Besprechungspunkte. Fragen

Sie Ihren Mitarbeiter nach eigenen Themenwünschen oder Anliegen, die ihm von seiner Seite wichtig sind.

Sprechen Sie die für Sie wesentlichen Punkte nacheinander an – beispielsweise die Rückmeldungen zur bisherigen Leistung, die Planungen zu neuen Aufgaben oder die Erwartungen, die Sie künftig an Ihren Mitarbeiter haben. Geben Sie Ihrem Mitarbeiter jeweils die Gelegenheit, von seiner Seite Stellung zu beziehen. Prüfen Sie, ob Ihre Einschätzungen mit denjenigen Ihres Mitarbeiters übereinstimmen. Achten Sie auf abweichende Sichtweisen, die zu hinterfragen sind. Es muss nicht so sein, dass Sie immer einer Meinung sind. Wahrscheinlich haben sie beide gelegentlich unterschiedliche Auffassungen, etwa zu einzelnen Anforderungen oder Herangehensweisen.

Legen Sie aber Wert darauf, dass über unterschiedliche Sichtweisen konstruktiv gesprochen wird und dass die Standpunkte respektvoll ausgetauscht werden. Vielleicht haben Sie hin und wieder etwas zu kritisieren oder wünschen sich eine Verhaltensänderung. In diesem Falle ist es wichtig, dass Sie Ihre Auffassung gut begründen und verdeutlichen, was Sie sich von Ihrem Mitarbeiter künftig anders wünschen. Machen Sie es konkret. Beschreiben Sie das erwünschte Verhalten. Bieten Sie Ihre Hilfestellung und Beratung an, wenn Sie den Eindruck gewinnen, dass es Ihrem Mitarbeiter schwer fallen könnte, sich umzustellen.

Nehmen Sie beispielsweise Bezug auf Kundenerwartungen, auf Anforderungen der Wirtschaftlichkeit oder auf die Verbesserung der Kommunikation und Kooperation im Team. Ihr Mitarbeiter sollte nachvollziehen können, warum Sie eine Verhaltensänderung erwarten. Machen Sie deutlich, dass es Ihnen darum geht, einen zusätzlichen Nutzen zu stiften und eine Gewinner-Gewinner-Situation herbeizuführen. Veranschaulichen Sie Lernchancen, Entwicklungsperspektiven und Möglichkeiten zur Entfaltung von Potenzialen, wenn Sie neue oder zusätzliche Anforderungen stellen. Achten Sie darauf, dass Ihr Mitarbeiter Ihren Argumenten und Einschätzungen folgen kann und sich offen für Ihre Anregungen zeigt.

Geben Sie sich Mühe, sich in die Lage Ihres Gegenübers hineinzuversetzen. Überdenken Sie im Vorfeld, wie einzelne Empfehlungen oder Erwartungen von Ihrer Seite bei Ihrem Gesprächspartner ankommen könnten. Stoßen Sie Ihren Mitarbeiter im Gespräch nicht vor den Kopf. Stellen Sie eine Brücke zwischen seinen und Ihren Vorstellungen her. Beharren Sie nicht auf Ihren Positionen, wenn Sie den Eindruck gewinnen, dass Ihr Gesprächspartner blockiert. Bitten Sie im Zweifelsfall darum, das Gesagte zu überdenken und vereinbaren Sie einen neuen Termin.

Machen Sie deutlich, dass Sie Konsens anstreben und gerne im Rahmen Ihrer Möglichkeiten auf die Wünsche und Vorschläge Ihres Gegenübers eingehen werden. Suchen Sie im Zweifelsfall zunächst nach dem kleinsten gemeinsamen Nenner – etwa wenn Sie bestimmte Erwartungen äußern und feststellen, dass spontan Widerstände aufkommen oder Bedenken artikuliert werden.

Fassen Sie zum Ende des Gesprächs zusammen, was aus Ihrer Sicht erreicht wurde und wie Sie das Gespräch erlebt haben. Halten Sie gegebenenfalls in einigen Stichworten fest, wozu Übereinkünfte erzielt wurden. Vermerken Sie dabei, in welcher Hinsicht unterschiedliche Sichtweisen bestehen und wozu noch weiterer Klärungsbedarf besteht. Gelegentlich ist es erforderlich, dass Sie oder Ihr Mitarbeiter im Nachgang zu einzelnen Besprechungspunkten noch weiterführende Überlegungen anstellen. Sie können mit Ihrem Mitarbeiter vereinbaren, dass dazu Ideen oder Vorschläge schriftlich ausgetauscht werden. In einem Folgegespräch lässt sich dann bei Bedarf rasch der Faden wieder aufgreifen.

Fragen Sie Ihren Mitarbeiter am Ende, wie er oder sie das Gespräch aus seiner Sicht wahrgenommen hat und was eventuell noch angesprochen werden sollte. Treffen Sie eine Vereinbarung, wie Sie weiter vorgehen werden, sofern offene Punkte im Raum stehen. Legen Sie fest, wie mit noch klärungsbedürftigen Fragen umgegangen wird, damit nichts unbearbeitet bleibt. Es kann sinnvoll sein, Ihren Mitarbeiter darum zu bitten, dass er im Nachgang gesammelte Erkenntnisse in eigenen Worten zusammenfasst. Sofern dies keine Überforderung darstellt oder spontane Bedenken auslöst, führt dies dazu, dass das Gesprächsergebnis aus Sicht des Mitarbeiters dokumentiert und nicht als Festschreibung von Ihrer Seite gewertet wird. Achten Sie darauf, dass Ihr Mitarbeiter mit den Ergebnissen und den getroffenen Vereinbarungen einverstanden ist. Räumen Sie ihm auch die Gelegenheit ein, aus seiner Sicht eventuell abweichende Sichtweisen zum Ausdruck zu bringen.

7.3 Welche Gesprächsinhalte stehen im Mittelpunkt?

Zwar ist der Verlauf eines Mitarbeitergesprächs nicht im Einzelnen vorhersehbar, da sie auf die Gesprächswünsche und Reaktionen Ihres Gegenübers Rücksicht nehmen sollten. Dennoch empfiehlt es sich, den Gesprächsverlauf nicht dem Zufall zu überlassen, damit Sie Ihre Ziele erreichen und die wesentlichen Besprechungspunkte gemeinsam mit Ihrem Mitarbeiter erörtern. In manchen Firmen existieren Gesprächsleitfäden, Checklisten oder Gestaltungsempfehlungen, die beispielsweise von der Personalabteilung zur Verfügung gestellt werden. Anhand solcher Hinweise können Sie Ihrem Mitarbeitergespräch eine Struktur geben und auch Ihrem Gesprächspartner die Möglichkeit anbieten, sich selbst auf das Gespräch vorzubereiten.

Selbst wenn Ihnen ein praktikabler Gesprächsleitfaden in Ihrem Unternehmen zur Verfügung gestellt wird, kommen Sie nicht umhin, selbst im Einzelfall Akzente und Schwerpunkte zu setzen: Nehmen Sie sich deshalb die Zeit, am besten bereits einige Tage vor dem anstehenden Mitarbeitergespräch in Ruhe Ihre Ziele und den geplanten Ablauf zu reflektieren. Konzentrieren Sie sich auf die nachfolgenden Themenschwerpunkte und Inhaltsbereiche:

Mitarbeiterzufriedenheit und Mitarbeitermotivation

Lenken Sie den Blick auf das Arbeitsumfeld, die Arbeitsbedingungen, die Tätigkeitsinhalte und die Eindrücke des Mitarbeiters hierzu. Fragen Sie, ob Ihrem Mitarbeiter die Arbeit Spaß macht, ob er sich wohl fühlt und inwieweit er mit den Arbeitsschwerpunkten zufrieden ist. Gehen Sie auch darauf ein, was eventuell als belastend erlebt wird und unter welchen Bedingungen Stress-Situationen auftreten. Klären Sie, ob Ihr Mitarbeiter sich den Anforderungen gewachsen fühlt und ob seine Fähigkeiten angemessen zum Tragen kommen. Fragen Sie ihn auch, welche Tätigkeiten ihm nach seiner Auffassung besonders liegen. Unter Umständen können Sie im Rahmen Ihrer Möglichkeiten Anpassungen bei den Aufgabenschwerpunkten gemäß den Stärken und Vorlieben Ihres Mitarbeiters vornehmen.

Klammern Sie Belastungsfaktoren oder als unangenehm erlebte Arbeitsbedingungen nicht aus. Gehen Sie gerade auch auf wahrgenommene Widrigkeiten ein, wenn Ihnen die Zufriedenheit und positive Arbeitseinstellung Ihres Mitarbeiters am Herzen liegt. Es ist besser, Sie erfahren aus erster Hand, was als störend oder belastend erlebt wird, als dass Sie mit den Konsequenzen indirekt konfrontiert werden. Denken Sie beispielsweise an die mittel- und langfristigen Auswirkungen von hoher Arbeitsbelastung, Überforderung, Demotivation oder anhaltender Unzufriedenheit: Es nützt Ihnen wenig, wenn Ihr Mitarbeiter in die innere Kündigung emigriert, krank wird, an das Verlassen Ihrer Firma denkt oder sich einfach nur zurückzieht – zumal sich dies auf die gezeigte Leistung spürbar auswirken dürfte.

Erörterung der einzelnen Tätigkeitsschwerpunkte

Setzen Sie sich gemeinsam mit Ihrem Mitarbeiter mit den einzelnen Arbeitsinhalten auseinander. Nehmen Sie Bezug auf ein Aufgaben- oder Tätigkeitsprofil. Falls dies noch nicht existiert, können Sie im unmittelbaren Dialog mit Ihrem Mitarbeiter eine Aufstellung der Kerntätigkeiten stichwortartig erarbeiten. Denken Sie auch an Sonderaufgaben, Projekte und die Mitwirkung in Arbeitskreisen, sowie die eingeräumten Entscheidungsbefugnisse und Verantwortlichkeiten. Gehen Sie zusammen mit Ihrem Mitarbeiter die einzelnen Arbeitsbereiche durch und analysieren Sie, was jeweils gut oder weniger gut läuft. Suchen Sie nach Ansatzpunkten für konstruktive Umstellungen und künftige Verbesserungen.

Feedback zum persönlichen Einsatz, zum Verhalten und zu erbrachten Leistungen

Erörtern Sie mit Ihrem Mitarbeiter, welche Leistungen erbracht und welche Arbeitsergebnisse in der letzten Betrachtungsperiode erzielt wurden. Gehen Sie dabei auch auf das „Wie" ein. Beleuchten Sie das Verhalten und die Arbeitsmethodik des Mitarbeiters. Erörtern Sie Aspekte wie Kundenorientierung, Systematik des Vorgehens, Wirtschaftlichkeit des Handelns, Teamgeist oder Präzision und Sorgfalt. Falls vorhanden, ziehen Sie unternehmensinterne Leitlinien für Kundenorientierung und Zusammenarbeit heran. Setzen Sie dabei auf den Austausch und Abgleich der Sichtweisen. Bitten Sie Ihren Mitarbeiter um eine Selbsteinschätzung und ergänzen Sie Ihre eigene Wahrnehmung. Erörtern Sie gegebenenfalls abweichende Bewertungen und klären Sie die Gründe hierfür.

Führen Sie das Gespräch vorrangig unter dem Blickwinkel, was künftig optimiert und effektiver gemacht werden kann. Verzichten Sie darauf, Ihren Mitarbeiter mit Schulnoten zu bewerten. Solche pauschalen Beurteilungen führen zu einer Verkürzung der Betrachtung, sind im Hinblick auf die methodischen Gütekriterien zweifelhaft und gefährden den partnerschaftlichen Dialog. Sofern hilfreich, können einzelne Einschätzungen zum Gesprächseinstieg anhand von Skalen durchgeführt werden, etwa um Selbst- und Fremdbewertungen abzugleichen. Setzen Sie aber den Schwerpunkt auf das nachfolgende Gespräch. Komplexe Mitarbeiterleistungen lassen sich nur bedingt anhand von reinen Zahlenwerten beurteilen. Dies kann auch demotivierend wirken.

Hinterfragen Sie gemeinsam mit Ihrem Mitarbeiter, welche Leistungen wie verbessert werden können, um die Erwartungen der Kunden noch besser zu erfüllen. Bleiben Sie nicht bei der Betrachtung der Vergangenheit stehen. Richten Sie den Blick nach vorne und beraten Sie Ihren Mitarbeiter, wie er künftig wirkungsvoller arbeiten kann.

Qualifizierung und Förderung

Besprechen Sie mit Ihrem Mitarbeiter, was zu tun ist, damit er seine Fähigkeiten, Stärken und Potenziale an seinem Arbeitsplatz noch gezielter einbringen kann. Überlegen Sie, welche Maßnahmen im Rahmen des verfügbaren Budgets geeignet sind, um die persönliche und fachliche Weiterentwicklung nachhaltig zu unterstützen. Klären Sie ab, inwieweit Ihr Mitarbeiter bereit ist, einen Eigenbeitrag zu leisten, z. B. durch die Teilnahme an Schulungen und Weiterbildungen innerhalb oder auch außerhalb der Arbeitszeit. Eröffnen Sie Ihrem Mitarbeiter eine Perspektive für eine mittelfristige Weiterentwicklung.

Zeigen Sie auf, wie er oder sie im Laufe eines überschaubaren Zeithorizonts durch konsequente Weiterbildung seine Verantwortung oder sein Tätigkeitsfeld erweitern kann. Dies gilt auch für Unternehmen mit flachen Hierarchien, in denen in der näheren Zukunft ein Aufstieg mit Beförderung nicht wahrscheinlich ist. Persönliche Weiterentwicklung darf nicht auf eine „Karriere nach oben" reduziert werden. Horizontale Entwicklungsmöglichkeiten und Perspektiven des Ausbaus von fachlichen Kompetenzen sind gleichermaßen zu berücksichtigen.

Bauen Sie aber keine unrealistischen Luftschlösser auf und verzichten Sie auf Versprechungen und Zusagen, die Sie später nicht einhalten können. Berücksichtigen Sie dabei soweit wie möglich die Wünsche Ihres Mitarbeiters, z. B. nach künftig veränderten Arbeitsbedingungen oder flexibleren Arbeitszeiten, die Erweiterung von Gestaltungsspielräumen oder die Zunahme von Verantwortung in einzelnen Aufgabenfeldern. Wecken Sie keine überzogenen Erwartungen. Deuten Sie plausible Entwicklungsrichtungen an. Jeder Mitarbeiter hat ein Recht darauf, Chancen für eine persönliche und fachliche Weiterentwicklung zu erkennen. Dies motiviert, auch wenn der Weg dorthin steinig ist.

Zeigen Sie auf, welchen Beitrag Sie und Ihre Firma leisten können – und welcher Eigenanteil vom Mitarbeiter zu erbringen ist. Verdeutlichen Sie den Zusammenhang von Geben und Nehmen: Ein engagierter Mitarbeiter, der sich für seine berufliche Weiterentwicklung einsetzt, sollte auch vom Unternehmen angemessen unterstützt werden. Umgekehrt sind Eigenleistungen – z. B. in Form von investierter Zeit, Teilnahme an Schulungen oder Mitwirkung an Projektarbeiten – eine Voraussetzung dafür, dass neue Entwicklungsmöglichkeiten für den Einzelnen in der Firma eröffnet werden können. Erarbeiten Sie bei Bedarf einen persönlichen Entwicklungs-Plan, den Sie von Zeit zu Zeit gemeinsam mit Ihrem Mitarbeiter aktualisieren. Legen Sie fest, welche Schritte von beiden Seiten bis zum nächsten Mitarbeitergespräch eingeleitet werden und woran erkannt wird, ob die Maßnahmen erfolgreich verlaufen. Hierzu können auch Zielvereinbarungen getroffen werden, sofern beide Seiten dies als sinnvoll ansehen.

So führen Sie am besten schwierige, konfliktträchtige Mitarbeitergespräche:

Wie ein Mitarbeitergespräch im einzelnen verläuft, können Sie nicht immer vorhersehen. Vielleicht haben Sie es gut vorbereitet und die Gesprächsatmosphäre ist angenehm. Sie haben das Gespräch einfühlsam eingeleitet und alles verläuft zunächst harmonisch. Plötzlich stoßen Sie jedoch auf einen Besprechungspunkt, der dazu führt, dass Sie und Ihr Mitarbeiter deutlich unterschiedliche Sichtweisen vertreten.

Stellen Sie sich vor, dass Ihr Mitarbeiter sich angegriffen fühlt oder dass Sie mit gut gemeinten Vorschlägen auf Granit beißen. Ihr Mitarbeiter wirkt irritiert und der Dialog gerät ins Stocken. Sie haben einen wunden Punkt getroffen und unverhofft ein sensibles Thema angesprochen.

Es droht die Gefahr, dass Sie schlichtweg den positiven Kontakt zu Ihrem Mitarbeiter verlieren. Sie befürchten, dass dies ungünstige Auswirkungen auf Ihr Miteinander, die Arbeitsmotivation und die künftige Leistung haben könnte.

Sie möchten gegensteuern und darauf hinwirken, dass Ihr Vertrauensverhältnis wieder gestärkt und eine tragfähige Basis für den weiteren Dialog geschaffen wird.

Eine Blockade kann in einem Mitarbeitergespräch aus unterschiedlichen Gründen auftreten. Ihre Wortwahl ist womöglich unglücklich, Ihre Äußerungen werden als Angriff oder Kritik gewertet, oder der Mitarbeiter fühlt sich durch Sie unter Druck gesetzt. Eventuell hat der Mitarbeiter auch fachliche oder persönliche Probleme, die Sie bisher nicht vollständig durchschaut haben. Oder es existieren Stressfaktoren im Arbeitsumfeld, die Ihren Mitarbeiter belasten. Was auch immer die Gründe im Einzelnen sind: Nehmen Sie jede Gesprächsstörung ernst und bemühen Sie sich um eine Klärung. Achten Sie auf verbale und nonverbale Signale, die andeuten, dass Ihr Mitarbeiter Ihnen inhaltlich nicht mehr folgen kann oder will.

Unterbrechen Sie den Gesprächsverlauf und thematisieren Sie die von Ihnen erlebte Barriere.

Es ist wenig aussichtsreich, wenn Sie so tun, als ob nichts geschehen wäre. Leiten Sie nicht einfach zum nächsten Besprechungspunkt über. Gehen Sie beispielsweise wie folgt vor:

- Sprechen Sie Ihre Wahrnehmungen im Gespräch direkt an. Nehmen Sie dabei Bezug auf Ihre eigenen Empfindungen und Beobachtungen. Verzichten Sie darauf, die Bemerkungen Ihres Gegenübers zu bewerten.

- Äußern Sie sich anhand von „Ich-Botschaften", indem Sie Ihre eigenen Eindrücke schildern. Nehmen Sie den Blickwinkel ein: Was löst dies bei mir aus? Erläutern Sie, weshalb das Gespräch aus Ihrer Sicht nicht in die gewünschte Richtung läuft.

- Kontrollieren Sie Ihre Emotionen. Bleiben Sie ruhig und sachlich. Achten Sie auf ausgewogene Gesprächsanteile und vermeiden Sie jeglichen Monolog.

- Interpretieren Sie nicht die Ausführungen und Verhaltensweisen Ihres Gesprächspartners. Fragen Sie ihn, wie er das Gespräch bisher von seiner Seite erlebt hat. Bitten Sie um Erläuterung seiner Sichtweisen.

- Hören Sie zu. Geben Sie Ihrem Mitarbeiter die Chance, seine eigenen Eindrücke zu schildern. Akzeptieren Sie es, falls Ihr Mitarbeiter sich dazu nicht weiter äußern möchte.

- Fragen Sie ihn, welche Vorschläge er zum weiteren Vorgehen hat. Bitten Sie ihn um Anregungen dazu, was getan werden kann, um den Gesprächsfaden wieder aufzugreifen.

- Sofern Ihre Bemühungen nicht erfolgreich sind, können Sie das Gespräch abbrechen und zu einem späteren Zeitpunkt wieder fortführen.

Ein Mitarbeitergespräch kann für Sie schwierig zu führen sein, wenn Ihr Mitarbeiter demotiviert wirkt oder sich nicht offen für konstruktive Kritik zeigt. Gleiches gilt, wenn er – oder sie – Ihre Vorschläge zu Verhaltensänderungen zurückweist.. Womöglich haben Sie das Gefühl, dass Ihr Mitarbeiter das nötige Engagement in seinem Arbeitsfeld vermissen lässt und innerlich zu kündigen droht. Oder er ist in vielfältige Reibereien und Spannungen verwickelt und zeigt nicht die gewohnte Leistung am Arbeitsplatz.

Es können auch widrige Einflussfaktoren außerhalb des Arbeitsplatzes, z. B. private Probleme und familiäre Belastungen, eine Rolle spielen. Die Gründe für schwierige Mitarbeitergespräche können sehr heterogen sein. Legen Sie jedoch nicht die Hände in den Schoß. Bemühen Sie sich um Aufklärung der jeweiligen Ursachen. Bleiben Sie am Ball, um Ihren Mitarbeiter zu beraten und zu unterstützen, wenn er von sich aus ein Anliegen an Sie heranträgt.

Verschiedene Vorgehensweisen von Ihrer Seite können hilfreich sein, um den Kontakt zu Ihrem Mitarbeiter zu stärken. Tasten Sie sich schrittweise voran, um eine gemeinsame Problemlösung anzubahnen:

- Bieten Sie Ihrem Mitarbeiter zu einem späteren Zeitpunkt ein gesondertes vertrauliches Gespräch an, in dem Sie beispielsweise mit ihm über die Themen Arbeitszufriedenheit, Konflikte am Arbeitsplatz oder Umgang mit Belastungsfaktoren reden. Nehmen Sie sich dazu mindestens zwei Stunden Zeit und wählen Sie einen Besprechungstermin außerhalb des hektischen Tagesgeschäftes – mit offenem Zeitfenster im Anschluss an das Gespräch.

- Bitten Sie Ihren Mitarbeiter um eine schriftliche Kurzbeschreibung der Situation in seinem Arbeitsumfeld. Fordern Sie ihn auf, näher darauf einzugehen, was ihm derzeit gut gefällt und was er gerne anders hätte. Lassen Sie ihn skizzieren, was ihn derzeit beschäftigt, hemmt oder belastet. Bitten Sie ihn um Vorschläge zum weiteren Vorgehen und um Wünsche an Sie als Teamleiter, um eine eventuell prekäre Lage zu entschärfen.

- Zeigen Sie sich offen dafür, bei Bedarf die Meinung von Dritten einzuholen. Vielleicht gibt es Kolleginnen und Kollegen, die eine ergänzende Einschätzung von außen beisteuern können. Beziehen Sie gegebenenfalls einen weiteren Gesprächspartner ein. Denken Sie auch an die Konsultation eines Personalreferenten, eines Sachverständigen oder eines Betriebsrates.

- Es kann in Einzelfällen sinnvoll sein, das Gespräch zu vertagen und eine Auszeit zum weiteren Nachdenken zu vereinbaren. Verzichten Sie auf eine weitere Erörterung eines Problem- oder Konfliktbereiches, bevor Sie sich nur im Kreise drehen, keinen gemeinsamen Nenner finden oder sich von einer konstruktiven Lösung noch weiter entfernen. Sofern kein dringender Handlungsbedarf besteht, kann diese Phase als Bedenkzeit genutzt werden, in der neue Einsichten gewonnen werden.

7.4 Wie verhalten Sie sich im Mitarbeiterdialog, um einen positiven Verlauf und einen erfolgreichen Abschluss herbeizuführen

Konstruktive Verhaltens-weisen	Nutzen	… und was Sie vermeiden sollten
Ruhiger, sachlicher Gesprächseinstieg, „warming up", Überblick zu den Gesprächszielen und zum Ablauf	Schaffen einer positiven Gesprächsatmosphäre, Anbahnen eines strukturierten Gesprächs	Hektik, Störungen von außen, Ablenkungen, „Mit der Tür ins Haus fallen"
Themenwünsche des Mitarbeiters erfragen	Aktive Einbeziehung	Monologe, unausgewogene Gesprächsanteile, einseitige Themenvorgaben
Gliederung durch Checkliste, Leitfaden oder gesammelte Besprechungspunkte	Systematischer Ablauf, Konzentration auf Kernthemen	Ad hoc-Gesprächsverlauf, fehlende Schwerpunktsetzungen, unverbindliche Themenfolge
Fokussierung auf Mitarbeiterzufriedenheit und Arbeitsklima	Ausbau des Vertrauensverhältnisses, Herausarbeiten von Hemm- und Belastungsfaktoren, Stärkung der Mitarbeitermotivation	Ausblenden der Arbeitszufriedenheit, überzogene Fixierung auf einzelne Leistungsziele und eine schematische Leistungsbeurteilung
Klären von Unterstützungs- und Qualifizierungsbedarf, individuelle Weiterbildungsplanung	Entfalten von Stärken und Potenzialen durch gezielte Personalentwicklung	Verzicht auf Stärken-Schwächen-Analyse, hohe Leistungserwartungen ohne Förder- und Entwicklungsperspektiven

Konstruktive Verhaltensweisen	Nutzen	… und was Sie vermeiden sollten
Dokumentieren von Vereinbarungen zur Mitarbeiterförderung	Individuelle Personalentwicklungsplanung mit Zielvereinbarungen	Unverbindliche Seminarangebote nach dem Gießkannen-Prinzip, fehlende Bedarfsorientierung
Sensibilisierung für Teamleistungen, Fördern des Teamgeistes durch Anbahnung von Team- und Projektarbeiten	Schaffen von Synergien im Team, Orientierung an Team-Mission, Wertschöpfungs-Prozessen und Kundenerwartungen	Reine Individualbetrachtung von Leistungen, Ausrichtung auf Einzelkämpfertum, Vernachlässigen der Team-Perspektive
Annehmen von Feedback und Anregungen des Mitarbeiters, auch zum eigenen Führungsstil	Reflexion des eigenen Führungsverhaltens, Impulse zur Stärkung einer vertrauensvollen Zusammenarbeit	Keine Auseinandersetzung mit der Frage: „Wie werde ich als Führungskraft erlebt?", geringe eigene Kritikfähigkeit
Vereinbaren von künftigen Zwischengesprächen	Planung von unterjährigen Meilensteingesprächen, Controlling vereinbarter Maßnahmen	Einmaliges Mitarbeitergespräch ohne Folgewirkung, fehlende Kontinuität im Mitarbeiterdialog
Bitte um Rückmeldung zum Gesprächsverlauf: Wie haben Sie unser Gespräch erlebt?	Abschließendes Feedback, Manöverkritik, positiver Gesprächsabschluss	Desinteresse bzgl. der Frage, wie der Gesprächspartner das Gespräch wahrgenommen hat

8. Kapitel

Vereinbaren Sie Ziele und begleiten Sie aktiv die Zielerreichung

Zielvereinbarungen sind ein wichtiges Instrument der Personalführung, um sicherzustellen, dass Mitarbeiter die richtigen Schwerpunkte setzen. Es genügt nicht, nur allgemeine Anforderungen zu beschreiben und einzelne Aufgabenbereiche festzulegen. Als Teamleiter tragen Sie Verantwortung dafür, dass gemäß den aktuellen wirtschaftlichen Zielsetzungen im Unternehmen die Prioritäten in Ihrer Organisationseinheit angemessen gesetzt werden. Dazu bietet es sich an, mit allen Mitarbeitern darüber zu sprechen, worauf Sie sich jeweils konzentrieren sollten. Je klarer Sie Orientierung vermitteln, desto eher können sich Ihre Mitarbeiter bei der Aufgabenerledigung auf das Wesentliche konzentrieren.

Zielvereinbarungen setzen ein Einverständnis zwischen Führungskraft und Mitarbeiter voraus, welche Ziele im einzelnen vorrangig zu verfolgen sind. Zielvereinbarungen unterscheiden sich insofern von einseitigen Zielvorgaben, die lediglich top-down in der Organisation abgeleitet werden. Bei Zielvereinbarungen müssen Mitarbeiter auch die Möglichkeit erhalten, den Charakter der jeweiligen Ziele inhaltlich zu beeinflussen. Dies setzt voraus, dass sie aus ihrem individuellen Erfahrungshintergrund heraus in die Lage versetzt werden, eigenständig Vorschläge einzubringen. Für eine Zielvereinbarung reicht es nicht aus, wenn Sie als Vorgesetzter ein Ziel benennen und Ihre Mitarbeiter lediglich um Zustimmung bitten.

Eine ernst gemeinte Zielvereinbarung erfordert einen Dialogprozess, bei dem ausgehend von den übergeordneten strategischen Absichten im Unternehmen, den spezifischen Zielen Ihrer Organisationseinheit und den Aufgaben und Kompetenzen des einzelnen Mitarbeiters eine partnerschaftliche Übereinkunft entwickelt wird. Beachten Sie dabei folgende Aspekte:

■ Worauf sollte sich der Mitarbeiter im Rahmen seiner Kern- und Sonderaufgaben sowie seiner individuellen Befugnisse und Zuständigkeiten konzentrieren?

■ Welche Arbeitsergebnisse sind bis wann unter welchen Voraussetzungen zu erreichen?

■ Welche Erfolgs- bzw. Erfüllungskriterien sind maßgeblich, damit später erkannt werden kann, ob ein Ziel erreicht oder verfehlt worden ist?

8.1 Welche Merkmale haben Zielvereinbarungen?

Zielvereinbarungen setzen die Beschränkung auf eine überschaubare Anzahl von Zielen voraus. Das Wesentliche sollte im Blick behalten werden. Welche Anzahl jeweils für den Einzelnen sinnvoll ist, ist am besten gemeinsam abzusprechen. Hierzu gibt es keine verbindliche Regel. Der Inhalt und der Charakter der Ziele sollte dem Mitarbeiter als „orientierende Gedankenstütze" präsent sein, wenn er sich im Tagesgeschäft mit der Erledigung seiner Aufgaben befasst. Insofern liegt es nahe, die Fülle von denkbaren Zielen auf einige wenige zu beschränken.

Zielvereinbarungen gewinnen insbesondere dann einen aufmerksamkeits- und handlungssteuernden Charakter, wenn Sie folgende Kriterien erfüllen:

■ Sie sind klar, einfach und nachvollziehbar formuliert.

■ Sie beschreiben einen realistischen, d. h. tatsächlich erreichbaren Sollzustand.

- Der Mitarbeiter kann die Zielerreichung maßgeblich selbst beeinflussen.

- Das jeweilige Ziel wird als sinnhaft und herausfordernd bewertet.

Durch ein praktikables Mess- und Überprüfungsverfahren ist sicherzustellen, dass die Erreichbarkeit auch von einem neutralen Bewerter beurteilt werden kann. Der Mitarbeiter sollte sich mit dem jeweiligen Ziel identifizieren können und es als wesentlichen Eckpunkt einer erfolgreichen Aufgabenerledigung interpretieren.

Zielvereinbarungen sind so zu beschreiben, dass der Mitarbeiter sie als Bestandteil seiner fachlichen Aufgabeninhalte und Zuständigkeiten interpretieren kann. Insofern sind die Ziele mit Bezug zu einem individuellen Tätigkeitsprofil zu erarbeiten. Eine Überforderung oder eine verdeckte Aufgabenerweiterung ist zu vermeiden. Eine Zielvereinbarung sollte nicht dazu führen, dass zusätzliche Aufgaben übernommen werden müssen, sondern dass innerhalb der Aufgaben- und Kompetenzbereiche des Mitarbeiters vernünftige Schwerpunkte gesetzt werden.

Zielvereinbarungen sind in einer knappen Übersicht schriftlich festzuhalten – jeweils unter Benennung der zu beachtenden Rahmenbedingungen. Je spezifischer die Ziele mit Bezug zum Tagesgeschäft formuliert sind, desto leichter fällt es dem Mitarbeiter, die Umsetzung in der Praxis konsequent zu verfolgen. Zielvereinbarungen sollten vor der endgültigen Verabschiedung durch die Führungskräfte auf ihre Schlüssigkeit und Vereinbarkeit geprüft werden. Dies setzt einen internen Vernetzungs- und Abstimmungsprozess auf Führungsebene voraus, um den Charakter und das Niveau der Zielvereinbarungen in den einzelnen Teams zu harmonisieren.

Nicht immer ist es sinnvoll, Ziele mit einem einzelnen Mitarbeiter zu vereinbaren. Prüfen Sie deshalb als Teamleiter, unter welchen Umständen und mit welchen Mitarbeitern Sie Ziele abstimmen möchten. In manchen Fällen kann es zweckmäßiger sein, Ziele auf Teamebene zu vereinbaren – etwa dann, wenn der Einzelne nur in einer kommunikativen und interdisziplinären Zusammenarbeit die Zielerreichung sicherstellen kann. In diesem Falle ist die Beeinflussbarkeit der Zielerreichung durch den Einzelnen eingeschränkt: Nur wenn sich die Teammitglieder gemeinschaftlich und gegenseitig unterstützend auf die Zielverfolgung konzentrieren, kann das Ziel erreicht werden. Bei Teamzielen ist deshalb im Vorhinein ein Konsens im Team herzustellen, welche Zielvereinbarungen von allen Teammitgliedern akzeptiert werden.

Der Nutzen von Zielvereinbarungen ist kritisch zu hinterfragen, wenn Mitarbeiter kaum Gestaltungs- und Entscheidungsspielräume im Tagesgeschäft haben, hoch strukturierte Tätigkeiten verfolgen und eher auf Anforderungen reagieren als selbständig zu handeln. Dies gilt z. B. in operativen Sachbearbeitungsfunktionen oder in eher reaktiv geprägten Tätigkeitsfeldern im Wertschöpfungsprozess, z. B. bei Routineaufgaben im Einkauf, in der Buchhaltung oder im Mahnwesen. Zwar lassen sich auch dort qualitativ ausgerichtete Ziele vereinbaren. Der Aufwand in Relation zum Nutzen ist jedoch abzuwägen. Bevorzugt sind Zielvereinbarungen dort zu empfehlen, wo eigenverantwortliche Handlungsvollzüge auf einem gehobenen Qualifizierungsniveau gefordert sind – etwa auf der Ebene von Führungskräften, Referenten, Fachberatern oder Spezialisten.

So steuern Sie unterjährig die Zielverfolgung:

Sie haben mit Ihren Mitarbeitern Ziele vereinbart, die entweder gemeinsam im Team oder vom Einzelnen zu verfolgen sind. Die Laufzeiten der Ziele sind unterschiedlich gehalten und variieren zwischen einigen Wochen und mehren Monaten. Am Ende des Geschäftsjahres haben Sie ein abschließendes Gespräch zur Bewertung der Zielerreichung sowohl im Team als auch mit jedem einzelnen Mitarbeiter avisiert.

Sie möchten unterjährig die Zielverfolgung persönlich begleiten und sicherstellen, dass die vereinbarten Ziele im gesamten Team erreicht werden.

Die abgesprochenen Ziele beziehen sich auf die Tätigkeitsprofile der einzelnen Mitarbeiter bzw. den Auftrag des Teams gemäß den Erwartungen der Kunden und dem Auftrag Ihrer Organisationseinheit. Die Zielvereinbarungen sind herausfordernd gestaltet, aber durchaus realistisch und nicht überhöht abgefasst.

Nach Ihrer Auffassung kann jeder seine Ziele erreichen, wenn er sich dafür konsequent engagiert und sich und sein Arbeitsgebiet gut organisiert.

An der Verfolgung eines anspruchsvollen Teamziels, das sich auf die sichtbare Verbesserung der Servicequalität bezieht, wirken alle gemeinsam mit.

Leiten Sie beispielsweise die nachfolgend erläuterten flankierenden Maßnahmen ein, um die Wahrscheinlichkeit der Zielerreichung zu erhöhen.

Vereinbaren Sir mit jedem Mitarbeiter ein erstes Meilensteingespräch im Anschluss an die Zielvereinbarungsgespräche. Ein geeigneter Zeitpunkt hierfür liegt zirka 2 – 3 Monate nach dem jeweiligen Zielvereinbarungsgespräch. Ein solches unterjähriges Zwischengespräch zur Steuerung der Zielverfolgung kann informell geführt werden. Den Umfang und die Dauer des Gesprächs legen Sie je nach Bedarf gemeinsam mit dem jeweiligen Mitarbeiter fest.

Nutzen Sie das Meilensteingespräch zur kontinuierlichen Status-Analyse. Bieten Sie zusätzliche Beratung an, falls ein Mitarbeiter dies wünscht und die Wahrscheinlichkeit der Zielerreichung dadurch erhöht wird. Leiten Sie in begründeten Fällen nötige Kurskorrekturen ein. Führen Sie Zielanpassungen jedoch mit äußerster Vorsicht durch. Eine getroffene Zielvereinbarung sollte nur bei deutlich abweichenden Randbedingungen, z. B. bei einer veränderten wirtschaftlichen Lage oder neuen strategischen Zielen, revidiert werden.

Terminieren Sie weitere, darauffolgende Meilensteingespräche am Ende dieses ersten Zwischengesprächs. Führen Sie zirka ein bis drei unterjährige Zwischengespräche durch. Je nach Ausbildung, Kompetenz und Erfahrung Ihrer Mitarbeiter kann der Rhythmus von Zwischengesprächen zur Steuerung der Zielerreichung variieren.

Führen Sie parallel zu den Einzelgesprächen ergänzende Meilensteingespräche im gesamten Team durch, um die Verfolgung von vereinbarten Teamzielen zu begleiten. Der Rhythmus hierfür kann sich an die individuellen Meilensteingespräche anlehnen. Legen Sie den Rhythmus solcher Gespräche im Team gemeinsam mit Ihren Mitarbeitern fest. Richten Sie sich dabei vor allem nach den Wünschen Ihrer Teammitglieder.

Vermeiden Sie den Eindruck, dass Sie von außen in die Zielverfolgung eingreifen wollen. Erläutern Sie, dass Besprechungen im Team dazu dienen, die eigenverantwortliche Teamarbeit zu unterstützen. Dazu gehört, veränderte Kundenerwartungen zu hinterfragen, die bereitgestellten Ressourcen zu überprüfen oder nötige Qualifizierungsmaßnahmen einzuleiten. Durch Meilensteingespräche im Team leisten Sie einen Beitrag dazu, die Erreichungswahrscheinlichkeit der vereinbarten Teamziele zu erhöhen.

Informieren Sie Vorgesetzte und unmittelbare Nachbarbereiche über die Ziele, die in Ihrem Team Priorität haben. Erläutern Sie die Team-Mission Ihres Bereiches und erstellen Sie eine verständliche Synopse der wesentlichen Zielvereinbarungen und Aufgabenschwerpunkte, die von Ihren Mitarbeitern verfolgt werden. Eine solche Übersicht kann für angrenzende Abteilungen oder Prozessstufen eine wichtige Informationsfunktion haben und als Diskussionsgrundlage dienen, um zusätzliche Synergien zu bewirken.

Prüfen Sie gemeinsam mit den verantwortlichen Ansprechpartnern Ihrer jeweiligen Schnittstellen-Bereiche im Wertschöpfungsprozess, ob die Zielvereinbarungen miteinander harmonieren. Falls sich Zielkonflikte ergeben oder Ziele untereinander im Widerspruch stehen, kann dies Anlass dafür sein, Feinjustierungen vorzunehmen. Leisten Sie Ihren Beitrag dazu, dass alle im Unternehmen an einem Strang ziehen. Vermeiden Sie Rivalitäten. Praktizieren Sie bereichsübergreifendes Denken. Konzentrieren Sie sich auf die übergeordnete Firmenstrategie.

Schützen Sie Ihre Mitarbeiter vor unzumutbaren Belastungen durch überhöhte Zielvereinbarungen. Achten Sie darauf, dass die Zielverfolgung nicht zu überzogenem Leistungsdruck oder unzumutbarem Stress bei Einzelnen führt. Behalten Sie die work-life-Balance und die innere psychophysische Ausgeglichenheit Ihrer Mitarbeiter im Blick. Bieten Sie Entlastung an, wenn Sie Anzeichen erkennen, dass Mitarbeiter überfordert wirken oder an ihre Leistungsgrenzen stoßen.

Überprüfen Sie, ob die Zielvereinbarungen die gewünschte fokussierende Wirkung entfalten: Zielvereinbarungen sollten die Leistungsanforderungen nicht unverhältnismäßig erhöhen, sondern Orientierung vermitteln, die Aufmerksamkeit auf das Wesentliche lenken und das kundenorientierte Engagement fördern. Ziele zeigen im günstigen Falle Ansatzpunkte auf, damit effektiver und intelligenter gearbeitet wird. Steuern Sie bewusst nach, falls Sie erkennen, dass diese Absicht nicht erreicht wird.

So überprüfen Sie den Grad der Zielerreichung:

Zu einem vollständigen Zielvereinbarungszyklus gehört die Vereinbarung der Ziele zu Beginn der Periode, die unterjährige Zielbegleitung durch Meilensteingespräche und die abschließende Zielbewertung am Ende der Periode.

Sie nehmen sich deshalb vor, mit Ihren Mitarbeitern Gespräche zur Zielbewertung im letzten Quartal des Geschäftsjahres durchzuführen. Dazu planen Sie eine Bestandsaufnahme, wie gut die Kernaufgaben erledigt wurden und wie der Grad der Zielerreichung abschließend einzuschätzen ist.

Die Zielbewertungs- und Feedbackgespräche führen Sie sowohl einzeln mit Ihren Mitarbeitern als auch mit dem gesamten Team durch – vorausgesetzt, dass Sie individuelle Ziele und Teamziele vereinbart haben.

Für den Fall, dass Sie auf individuelle Zielvereinbarungen verzichtet haben, sprechen Sie stattdessen mit den betreffenden Mitarbeitern im individuellen Feedbackgespräch vorrangig über die Qualität und Quantität der Aufgabenerledigung. Dazu gehört die Erörterung von Verhaltensanforderungen wie wirtschaftliches und systematisches Arbeiten, kundenorientiertes Verhalten, Teamgeist und wirkungsvolle Kommunikation.

Auf eine formale Leistungsbeurteilung verzichten Sie zugunsten eines Soll-Ist-Abgleichs, bei dem die Sichtweisen des Mitarbeiters mit Ihren eigenen Wahrnehmungen abgeglichen werden. Das heißt, Sie betrachten im strukturierten Dialog die Selbsteinschätzung des Mitarbeiters zu einzelnen Anforderungsmerkmalen im Vergleich zu Ihrer Fremdeinschätzung als Teamleiter. Dabei lenken Sie die Aufmerksamkeit auch auf die vorhandenen und wünschenswerten Kompetenzen des Mitarbeiters.

Führen Sie das Zielbewertungsgespräch unter dem Vorzeichen, dass erreichte Ergebnisse besprochen und Erkenntnisse aus dem Prozess der Zielverfolgung gesammelt werden. Achten Sie dabei auf folgende Aspekte:

- Wie ist der Grad der Zielerreichung im Einzelnen zu bewerten? Wurden die Ziele vollständig oder nur teilweise erreicht? Konnten Zielvereinbarungen sogar übertroffen werden? Lässt sich der

Zielerreichungsgrad objektiv feststellen? Welche Sicht hat der Mitarbeiter dazu?

■ Welche Gründe sind maßgeblich dafür, dass Ziele erreicht oder nicht erreicht wurden? Welche Einfluss hatten äußere Faktoren auf das Niveau der Zielerreichung? Welchen Beitrag hat der Mitarbeiter geleistet? Was hätte er anders machen können, um den Grad der Zielerreichung zu erhöhen?

■ Welche Optimierungsmöglichkeiten ergeben sich für die Zukunft? Was kann daraus abgeleitet werden, dass Ziele teilweise verfehlt wurden? In welchen Bereichen besteht beispielsweise Qualifizierungsbedarf? Inwiefern kann durch eine effizientere Arbeitsmethodik oder durch eine bessere interne Kommunikation im Team künftig erfolgreicher gearbeitet werden?

Richten Sie den Blick auf die Zukunft. Betrachten Sie die Auswertung des Zielvereinbarungsprozesses unter dem Blickwinkel, dass künftige Leistungen verbessert werden sollen. Beschäftigen Sie sich nicht nur mit einer rückwirkenden Leistungsbewertung, sondern verstehen Sie die Feedbackgespräche zur Zielbewertung als Lernchance.

Geeignete Leitfragen im Dialog können lauten: Was können wir aus den gesammelten Erfahrungen lernen? Was kann künftig besser gemacht werden? Wie können wir die Anforderungen beispielsweise nach hoher Kundenorientierung, Wirtschaftlichkeit, Produktivität oder Qualität in Zukunft noch besser erfüllen?

Verstehen Sie die gemeinsame Zielbewertung auch als Motivationsgespräch: Es nützt Ihnen wenig, wenn Sie den Mitarbeiter kritisieren, ihm verdeutlichen, was er falsch gemacht hat, ihn anhand einer Punkteskala beurteilen oder ihm sagen, dass er die Erwartungen nur teilweise erfüllt hat. Es löst bei ihm eher Frustrationen aus, wenn Sie ihm beweisen wollen, dass er nicht optimal gearbeitet hat oder dass seine Sichtweisen zur Selbsteinschätzung der gezeigten Leistung unzutreffend sind. Verzichten Sie auf einseitige Beurteilungen aus Vorgesetztensicht. Wirken Sie darauf hin, dass er durch Ihr Feedback selbst Erkenntnisse und Lernerfahrungen sammelt, um künftig seine Ziele noch besser zu erreichen. Bieten Sie Ihre Unterstützung an, beraten Sie ihn und bitten Sie ihn um Anregungen von seiner Seite. Setzen Sie bei seinen Stärken und Potenzialen an. Geben Sie Ihrem Mitarbeiter konstruktive, förderliche Hinweise, die innerlich aufbauen und das Vertrauensverhältnis stärken, selbst wenn einiges in der Vergangenheit nicht nach Plan gelaufen ist.

Stellen Sie sich bei Zielverfehlungen auch die Frage, welchen Anteil Sie selbst daran haben:

- Waren die Zielvereinbarungen zu ehrgeizig formuliert? Haben Sie Ihren Mitarbeiter überfordert oder ihm gemäß seinem Erfahrungs- und Ausbildungsstand zu viel zugemutet?

- Haben Sie unterjährig nicht aktiv genug begleitet und unterstützt? Fehlten begleitende Qualifizierungsangebote?

- Hätten Sie durch frühzeitige Beratungsangebote von Ihrer Seite das Nichterreichen einzelner Ziele abwenden können?

Bedenken Sie, dass Zielverfehlungen auch unter dem Blickwinkel betrachtet werden können, dass Sie als Führungskraft gemeinsam mit Ihrem Mitarbeiter und Ihrem Team für die Zielerreichung verantwortlich sind. Insofern machen Sie es sich zu leicht, wenn Sie bei suboptimaler Zielerreichung Ihrem Mitarbeiter den schwarzen Peter zuschieben. Üben Sie Selbstkritik und beleuchten Sie Ihre eigene Verantwortung, wenn das Niveau der Zielerreichung nicht Ihren Erwartungen entspricht. Nehmen Sie sich als Teamleiter selbst in die Pflicht. Tragen Sie künftig durch Ihr eigenes Zutun dafür Sorge, dass Ziele im Wesentlichen erreicht werden. Dies stärkt zugleich das Selbstbewusstsein und die Erfolgsmotivation Ihrer Mitarbeiter.

Auch wenn Sie explizit keine Ziele mit einzelnen Teammitgliedern vereinbaren, gilt das Gleiche für die Bewertung der kompetenten Aufgabenerledigung in Ihrem Team: Sie selbst werden daran gemessen, was unter dem Strich herauskommt. Deshalb sind Sie gut beraten, sich in der Führungsrolle durch engagierten Mitarbeiterdialog um ein hohes Leistungsniveau in Ihrem Verantwortungsbereich zu bemühen. Setzen Sie dazu bei den Stärken und Optimierungsmöglichkeiten im Verhalten Ihrer Mitarbeiter an. Ermöglichen Sie eine weitreichende Delegation von Kompetenzen und Verantwortung. Führen Sie zeitnah Steuerungs- und Beratungsgespräche, um Ihre

Mitarbeiter zu coachen. Halten Sie sich nicht unnötig damit auf, an individuellen Schwächen und Fehlern herumzudoktern. Richten Sie den Blick nach vorne, nicht in die Vergangenheit!

8.2 Ist es sinnvoll, die Zielerreichung mit einem monetären Anreiz zu koppeln?

> **Wichtig:**
>
> Sie beabsichtigen, besondere Leistungen in Ihrem Team zu fördern und anzuerkennen. Sie ziehen in Betracht, monetäre und nicht-monetäre Anreize einzuführen.
>
> Sie können sich vorstellen, sowohl überzeugende Einzelleistungen als auch Leistungen des gesamten Teams mit einem Bonus oder einer Prämie zu würdigen.
>
> Im Vorfeld stellen Sie sich die Frage, ob zusätzliche finanzielle Anreize grundsätzlich sinnvoll sind. Sie denken darüber nach, ob Sie das Erreichen von wichtigen Zielen direkt mit einer finanziellen Anerkennung koppeln.

Finanzielle Anreize für besondere Leistungen können beispielsweise in Form einer Einmalzahlung oder als variabler Gehaltsbestandteil gewährt werden. Unabhängig von der vergütungstechnischen Gestaltung von gesonderten Bonifikationen oder variablen Gehaltskomponenten stellt sich die Frage, welche Auswirkungen finanzielle Anreize auf die Mitarbeitermotivation haben. Als Alternative bieten sich nicht-monetäre Anreize an, die nicht in Form einer unmittelbaren Vergütung gewährt werden. Hierzu zählen beispielsweise

- bedarfsorientierte Weiterbildungsmöglichkeiten,
- flexible Arbeitszeiten und individualisierte Arbeitsformen,
- Chancen zur Mitwirkung in attraktiven Team- und Projektarbeiten oder
- erweiterte Handlungs-, Entscheidungs- und Kommunikationsspielräume.

In Ihrem Unternehmen können die Gestaltungsmöglichkeiten für monetäre und nicht-monetäre Anreize durch die Anerkennungs- und Vergütungssystematik Ihres Hauses mehr oder weniger stark vorgegeben sein. Insofern liegt es nicht unbedingt in Ihren Händen, zu entscheiden, welche Anreizsysteme in Ihrem Team anwendbar sind. Prüfen Sie deshalb, ob bestimmte Tarif- und Vergütungssysteme, spezielle betriebliche Regelungen oder verbindliche Organisationsanweisungen für Sie maßgebend sind.

Setzen Sie sich vor allem mit der Grundsatzfrage auseinander, welchen Stellenwert die finanzielle Anerkennung von gezeigten Leistungen überhaupt besitzt. Beachten Sie dabei die im Folgenden beschriebenen Aspekte, die bei der Einführung eines Anreizsystems von Bedeutung sind.

Die motivationale Wirkung von monetären und nicht-monetären Anreizen kann von Mitarbeiter zu Mitarbeiter stark variieren. Es ist deshalb sinnvoll, wenn Sie mit Ihren Mitarbeitern im Vorfeld darüber sprechen, was im aktuellen beruflichen und persönlichen Umfeld als Anreiz erlebt wird. Jeder Einzelne kann hierzu individuelle Wünsche und Erwartungen vortragen, die Sie bei Ihrer Planung soweit wie möglich berücksichtigen sollten.

Finanzielle Anreize können für manche Mitarbeiter einen hohen Stellenwert besitzen. Insofern wird es wahrscheinlich bei diesen Mitarbeitern positiv aufgenommen, wenn Sie zusätzliche Gratifikationen für das Erreichen von Zielen oder die kompetente Erledigung von Kern- und Sonderaufgaben anbieten. Die Wirkung von finanziellen Anreizen ist aber eher als kurzfristig einzuschätzen. Der motivationale Effekt „verpufft" schnell wieder und sorgt nicht unbedingt für eine erhöhte Identifikation mit der Tätigkeit an sich.

Prämien, Boni und variable Gehaltsbestandteile stützen eine eher extrinsische, d. h. von außen beeinflusste Motivation: Der Mitarbeiter bemüht sich um gute Leistungen, weil er etwa einen Bonus erreichen will. Es ist aber gleichermaßen wünschenswert, dass eine intrinsische, d. h. von innen geleitete Motivation gefördert wird. Hierbei spielen Faktoren wie die erlebte Sinnhaftigkeit der Aufgabenstellung, ein gutes Arbeitsklima, Interesse und Spaß an der Arbeit, gute Führung und Teamgeist eine entscheidende Rolle. Auch erweiterte Entscheidungskompetenzen, abwechslungsreiche Aufgaben und zusätzliche Gestaltungsmöglichkeiten im Jobumfeld können die intrinsische Motivation fördern.

Setzen Sie am besten auf einen Mix von unterschiedlichen Anreizen, die eine ganzheitliche Arbeitsmotivation fördern. Verlassen Sie sich nicht darauf, dass Ihre Mitarbeiter nur durch zusätzliche finanzielle Gratifikationen für einen besonderem Einsatz zu gewinnen sind.

Suchen Sie nach solchen Möglichkeiten zur Anerkennung von Leistungen, die als gerecht und angemessen erlebt werden. Die meisten Mitarbeiter vergleichen sich mit ihren Kollegen innerhalb und außerhalb der Firma: „Welche Anerkennung erhalte ich für meine Leistungen – und was wird den anderen für ähnliche Leistungen gewährt?" Achten Sie darauf, dass die ausgelobten Anreize von Ihren Mitarbeitern als attraktiv bewertet werden.

Die Gewährung einer Prämie bei der Erreichung eines Teamziels kann sich als zweischneidiges Schwert erweisen: Zum einen fördern Sie damit das gemeinschaftliche Engagement jedes Einzelnen für die Zielerreichung im Team. Zum anderen erzeugen Sie aber auch Gruppendruck, der sich zu Lasten einzelner Mitarbeiter mit geringerer Leistungsfähigkeit auswirken kann. Teamziele können zwar den Zusammenhalt in der Gruppe und den Teamgeist fördern. Im ungünstigen Falle werden aber einzelne Mitarbeiter ausgegrenzt, sofern die Betreffenden nur bedingt auf die Zielerreichung Einfluss haben oder sich nicht in dem Maße engagieren können wie der Rest des Teams. Prüfen Sie deshalb im Vorfeld sorgfältig die Chancen und Risiken von Teamzielen und damit gekoppelten Bonifikationen.

Stellen Sie bei einer leistungsabhängigen Zusatzvergütung sicher, dass die Höhe der gewährten Anerkennung insgesamt als attraktiv erlebt wird. Ansonsten kann das scheinbar paradoxe Phänomen auftreten, dass trotz Zusatzgratifikation ein negativer Motivationseffekt entsteht: Die Mitarbeiter gewinnen den Eindruck, dass sich der Einsatz für eine vergleichsweise geringe Zusatzprämie nicht lohnt. Womöglich wird die intrinsische Motivation sogar durch einen finanziellen Anreiz untergraben: Das heißt, eine ursprünglich hohe Eigenmotivation bei der Ausübung einer als sinnhaft bewerteten Tätigkeit wird durch die gesonderte Vergütung moralisch entwertet.

Es kann ratsam sein, auf zusätzliche finanzielle Anreize für gute Leistungen völlig zu verzichten. Wenn Ihre Mitarbeiter den Eindruck gewinnen, dass sie attraktive Aufgaben ausüben, ein faires Grundgehalt erhalten und für sich vielversprechende Entwicklungsperspektiven erkennen, kann dies für die persönliche Zufriedenheit wichtiger sein als ein zusätzlicher Bonus.

Überschätzen Sie nicht die psychologische Wirkung von finanziellen Steuerungsfaktoren. Insbesondere dann, wenn Leistungen nicht eindeutig messbar sind oder primär eine gewissenhafte Aufgabenerledigung am Arbeitsplatz gefordert ist – etwa bei hoch strukturierten Routinetätigkeiten –, stoßen zusätzliche Boni schnell an ihre Grenzen. Finanzielle Anreize können in diesem Fall sogar eine motivationale Fehlsteuerung bewirken, da Sie die Aufmerksamkeit auf Einzelleistungen lenken, die nur einen Teilaspekt einer kompetenten Aufgabenbewältigung abdecken.

Gesondert zu betrachten sind vertriebliche Tätigkeitsfelder, verkäuferische Tätigkeiten oder exponierte Fach- und Führungsfunktionen: Sofern die Leistung vor allem über die ausgeübte Verantwortung, quantifizierbare Erfolgsgrößen oder klar definierte Umsatz-, Kosten- und Deckungsbeitragsziele erfasst wird, können variable Gehaltsbestandteile oder durchdachte Prämiensysteme motivational förderlich sein.

Die Komplexität der Anreiz- und Vergütungsproblematik lässt keine unmittelbare Empfehlung zu, ob und in welchem Ausmaß Sie als Teamleiter finanzielle Anerkennungen für die Erreichung von Zielen gewähren sollten. Setzen Sie sich vertieft mit den motivationalen Aspekten von monetären und nicht-monetären Anreizen auseinander. Holen Sie hierzu am besten Expertenwissen aus Ihrem Hause ein, z. B. durch die Konsultation von Spezialisten des betrieblichen Personalwesens.

8.3 Was ist bei Zielvereinbarungen zu beachten?

Maßnahme	Nutzen	... was zu vermeiden ist.
Klären von individuellen Aufgabenschwerpunkten, Entscheidungsbefugnissen und Sonderaufgaben	Aktualisierung des Tätigkeitsprofils als Rahmen für neue Schwerpunktsetzungen und Zielvereinbarungen	Vereinbaren von Zielen unabhängig von den jeweiligen Kern- und Sonderaufgaben des Mitarbeiters
Top-down-Ableitung von Zielvereinbarungen und interne Zielvernetzung	Vereinbarte Ziele und/oder individuelle Aufgabenschwerpunkte werden mit Bezug zu strategischen Anforderungen in der Org.-Einheit und angrenzenden Prozessstufen definiert	Zielvereinbarungen ohne Bezug zur Unternehmensstrategie, ad hoc-Erstellung von Mitarbeiterzielen ohne Anbindung an übergreifende Unternehmens- und Bereichsziele
Bottom-up-Verankerung der Zielvereinbarungen, Konsensorientierung	Ziele werden mit Bezug zu operativem Tagesgeschäft und Vorschlägen der Mitarbeiter im Team spezifiziert	Durchreichen von Zielen top-down, keine Partizipation für einzelne Mitarbeiter, Vernachlässigen von Mitarbeiter-Vorschlägen bei der Zielentwicklung
Konkretisierung von Zielen mit Bezug zur Team-Mission	Individual- und Teamziele werden auf den Auftrag des Teams und die Kundenerwartungen ausgerichtet	Individualziele ohne Synergieeffekte im Team, interner Wettbewerb und Einzelkämpfer-Mentalität
Vereinbarung von realistischen, überprüfbaren Zielen	Messbarkeit und Praxisrelevanz, Orientierungsfunktion für Mitarbeiter, keine Überforderung	Überhöhte Ziele, Sicherheitsziele ohne anspornende Wirkung, fehlende Überprüfbarkeit durch neutrale Dritte
Unterjährige Zielsteuerung durch beratende Zwischengespräche und Überprüfung von Meilensteinen	Systematischer Zielvereinbarungszyklus	Zielvereinbarungen ohne strukturierte Begleitung durch die Führungskraft
Monetäre- und nicht-monetäre Anreize mit Bezug zu individuellen Mitarbeiterpräferenzen, sinnhafte und vom Mitarbeiter akzeptierte Zielvereinbarungen	Anerkennung von gezeigten Leistungen und Beiträgen zur Zielerreichung, Förderung der intrinsischen Motivation	Fehlende Anreizsystematik oder einseitige Ausrichtung auf finanzielle Gratifikationen, die eine extrinsische Motivation fördern

9. Kapitel

Fördern Sie die fachlichen, persönlichen und sozialen Kompetenzen Ihrer Mitarbeiter

Als Teamleiter haben Sie ein Interesse daran, dass Ihre Mitarbeiter die Ziele Ihres Teams engagiert gemeinsam mit Ihnen und den anderen Kolleginnen und Kollegen verfolgen. Dies setzt jedoch voraus, dass Ihre Mitarbeiter dazu in die Lage versetzt werden, den Leistungsbeitrag zu erbringen, der am individuellen Arbeitsplatz gefordert ist. Da sich die Anforderungen im Laufe der Zeit wandeln und stets neue Aufgabenstellungen zu bewältigen sind, kann sich kein Mitarbeiter alleine nur auf seine bisherige Ausbildung und seine vorhandenen fachlichen Kenntnisse und Fähigkeiten verlassen. Als Teamleiter tragen Sie Verantwortung dafür, Ihre Mitarbeiter darauf vorzubereiten, dass Sie aktuelle und künftige Anforderungen kompetent und erfolgreich bewältigen können.

Insofern ist es ratsam, dass Sie in die fachliche Unterstützung, die bedarfsgerechte Weiterbildung und den kontinuierlichen Erwerb neuer Kompetenzen bei Ihren Teammitgliedern investieren. Dazu gehört zum einen eine hohe Bereitschaft bei Ihren Mitarbeitern, sich selbst weiter zu qualifizieren. Zum anderen liegt es in Ihren Händen, nicht nur Leistung zu fordern, sondern auch Ihre Mitarbeiter so zu fördern, dass Sie den mittel- und längerfristig gestellten Anforderungen gewachsen sind.

Setzen Sie nicht nur darauf, dass Ihre Mitarbeiter im Tagesgeschäft und in der Praxis „nebenbei" automatisch neue Fähigkeiten und Kenntnisse erwerben. Zweifelsohne spielt Erfahrungslernen eine große Rolle in der Kompetenzentwicklung. Besser ist es aber, sich vorausschauend die zu erwartenden Aufgaben zu vergegenwärtigen und darauf abgestimmt eine Planung der individuellen Mitarbeiterentwicklung vorzunehmen. Zwar können Sie nicht alle Eventualitäten vorhersehen und sämtliche künftigen Anforderungen exakt beschreiben. Dennoch empfehle ich Ihnen, dass Sie gemeinsam mit jedem einzelnen Teammitglied eine realistische Zukunftsperspektive erarbeiten.

Gehen Sie dazu vom aktuellen Kompetenzstatus des Mitarbeiters aus. Beleuchten Sie seine job-spezifischen Kenntnisse, Fähigkeiten, Fertigkeiten und Erfahrungen. Stellen Sie dem die künftigen Anforderungen gegenüber. Gewinnen Sie daraus wiederum Anhaltspunkte für einen Soll-Ist-Vergleich:

- Welche Diskrepanzen bestehen zwischen dem künftig geforderten Know-how und dem aktuellen Kompetenzniveau?

- Welche fachlichen, methodischen, persönlichen und sozialen Kompetenzen fehlen dem Mitarbeiter, um absehbare neue Anforderungen zu bewältigen?

- Welche Maßnahmen zur Qualifizierung, Weiterbildung oder zum Erfahrungs- und Praxislernen sind anzustoßen, um sicherzustellen, dass der Mitarbeiter auch in Zukunft seinen Job erfolgreich erledigen kann?

9.1 Warum ist eine individuelle Kompetenz-analyse sinnvoll?

Die Personalentwicklung Ihrer Mitarbeiter sorgfältig zu planen ist kein Selbstzweck. Eine gezielte Mitarbeiterförderung hat nichts mit „Seminartourismus" oder dem Einleiten von Maßnahmen zur Weiterbildung nach dem Gießkannenprinzip zu tun: hier ein Rhetorik- und ein Stressbewältigungs-Seminar und dort eine Zeitmanagement-Schulung oder ein Verkaufstraining. Wenn Sie den beruflichen Weg Ihrer Mitarbeiter systematisch begleiten möchten, benötigen Sie bedarfsgerechte Maßnahmen zur Personalentwicklung. Sorgen Sie dafür, dass Potenziale tatsächlich entfaltet und „Lücken", die sich aus einem Soll-Ist-Vergleich ergeben, geschlossen werden.

Es reicht nicht aus, einen Seminarkatalog zur Hand zu nehmen und dort nach Absprache mit Ihren Mitarbeitern einzelne anscheinend attraktive Seminare auszuwählen. Ein „Wunschkonzert" beliebter Seminare mag zwar als Incentive- und Motivationsprogramm einen gewissen Zweck erfüllen. Wenn Sie aber als Teamleiter die Personalentwicklung professionell ausrichten wollen, benötigen Sie einen strukturierten Abgleich zwischen den aktuellen Kompetenzen, den individuellen Potenzialen, den künftigen betrieblichen Bedarfen und den verfügbaren Ressourcen.

Die Art der jeweils angemessenen Maßnahmen zur Förderung Ihrer Mitarbeiter kann dabei sehr unterschiedlich sein: systematische Beratung und Unterstützung am Arbeitsplatz, Sammeln neuer Erfahrungen in anderen Einsatzbereichen oder an anderen Standorten, Selbstlernen mit modernen Medien, spezifische Fach- und Methodenseminare oder die sukzessive Vermittlung von grundlegenden Skills durch Coaching und Mentoring.

Nehmen Sie sich vor, mit jedem Mitarbeiter einen individuellen Personalentwicklungs-(PE)-Plan zu erarbeiten, der ausgehend von den vorhandenen Kompetenzen sinnvolle nächste Schritte zur persönlichen Weiterentwicklung beschreibt. Wecken Sie dabei keine unrealistischen Erwartungen, sondern orientieren Sie sich an den aktuellen und künftigen Job-Anforderungen. Zeigen Sie Ihren Mitarbeitern plausible Entwicklungsmöglichkeiten auf, die sich sowohl auf die betrieblichen Notwendigkeiten als auch auf die persönlichen Stärken und Potenziale beziehen. Sie brauchen dazu keine umfangreichen Abhandlungen anzufertigen, sondern können im Gespräch mit Ihren Mitarbeitern über einen Zeithorizont beispielsweise von ein bis zwei Jahren eine To-Do-Liste erarbeiten, die zielgerecht vernünftige Maßnahmen beschreibt:

- Was soll bis wann erreicht werden?

- Welche Ziele werden mit den einzelnen Förder- und Entwicklungsmaßnahmen verfolgt? Und welcher Nutzen ist dabei zu erwarten?

- Woran wird erkannt, dass eine Maßnahme den gewünschten Effekt hat? Welche Fortschritte sind zu erwarten und wie werden sie überprüft?

Aktualisieren Sie den individuellen Plan zur Personalentwicklung von Zeit zu Zeit, z. B. unterjährig nach Bedarf oder einmal jährlich. Stellen Sie sicher, dass jeder Mitarbeiter sinnvolle Schritte vor Augen hat, die ihn weiter voranbringen. Voraussetzung hierfür ist eine Beschreibung der Kompetenzen nach einzelnen „Skill-Bereichen", die für das aktuelle Aufgabenfeld des Mitarbeiters jeweils von Belang sind. Orientieren Sie sich dazu an einem tätigkeitsbezogenen Anforderungs- und Aufgabenprofil sowie – falls in Ihrem Unternehmen vorhanden – einem Kompetenzkatalog für einzelne Tätigkeitsfelder. Verwenden Sie auch anstehende Sonderaufgaben, Projekte und Ziele des Mitarbeiters als Planungsgrundlage. Nutzen Sie dazu gegebenenfalls Instrumente und Hilfsmittel, die Ihnen das betriebliche Personalwesen zur Verfügung stellt.

Betrachten Sie die individuelle Kompetenz- und Potenzialanalyse sowie die darauf abgestimmte Planung der Personalentwicklung als Führungsaufgabe. Je besser Sie Ihre Mitarbeiter auf die Bewältigung künftiger Anforderungen vorbereiten, desto höher ist die Wahrscheinlichkeit, dass Sie Ihre eigenen Ziele gemeinsam mit Ihrem Team erfolgreich erreichen werden. Verlassen Sie sich nicht auf die vorhandenen Kenntnisse und Fähigkeiten Ihrer Mitarbeiter. Suchen Sie gemeinsam mit jedem Einzelnen nach ständigen Optimierungsmöglichkeiten, um ein hohes Leistungsniveau langfristig zu erhalten.

Konzentrieren Sie sich darauf, das Leistungsspektrum Ihres Teams gemäß den Kundenerwartungen und den wachsenden Produktivitätsanforderungen künftig weiter auszubauen. Betreiben Sie eine gezielte Mitarbeiterentwicklung aus der Einsicht heraus, dass Ihr Unternehmen sich am Markt nur behaupten kann, wenn die Leistungsressourcen der Teams sich kontinuierlich den sich wandelnden Anforderungen anpassen.

So erstellen Sie einen individuellen Förderplan:

Sie beabsichtigen, im Laufe des Jahres für jeden Mitarbeiter ein Konzept zur individuellen Förderung und Qualifizierung zu erarbeiten. Da Ihre Ressourcen knapp bemessen sind, verfügen Sie nur über einen begrenzten Spielraum, um beispielsweise externe Seminare oder zusätzliche, kostenpflichtige Schulungsmaßnahmen durchzuführen.

Aufgrund flacher Hierarchien in Ihrem Hause können Sie für die überschaubare Zukunft keine maßgeblichen Aufstiegs- oder Beförderungsperspektiven anbieten.

Dennoch nehmen Sie sich vor, für jedes Teammitglied einen Personalentwicklungs-Plan zu erarbeiten, um bei Bedarf praktikable Unterstützungs- und Qualifizierungsmaßnahmen einzuleiten.

Richten Sie in Ihrer Rolle als Teamleiter den Blick auf realistische Maßnahmen zur individuellen Förderung Ihrer Mitarbeiter. Es ist keineswegs so, dass nur leistungsschwache Mitarbeiter in die Planung einzubeziehen sind. Wenn von zielgerichteter Förderung die Rede ist, sind die Fähigkeiten und Entwicklungspotenziale sämtlicher Mitarbeiter auf den Prüfstand zu stellen:

Jeder Mitarbeiter in Ihrem Team …

- verfügt über spezifische Stärken, die im Interesse seiner eigenen Kompetenzentwicklung weiter verfeinert werden können;

- ist gefordert, seinen Leistungsstand nicht nur auf dem aktuellen Niveau zu halten, sondern seine Fähigkeiten weiter auszubauen, um vorhersehbaren neuen Anforderungen gewachsen zu sein;

- kann gemäß seiner aktuellen Funktion, seiner Verantwortung und seinem Tätigkeitsprofil einen Beitrag dazu leisten, um kundenorientierter zu handeln, Wertschöpfungsprozesse weiter zu optimieren und um sich noch produktiver im Team einzubringen.

- gewinnt an zusätzlicher Erfahrung und Kompetenz, indem er neue, andersartige oder erweiterte Tätigkeiten übernimmt, die zugleich eine fachliche und persönliche Herausforderung darstellen.

Ein Personalentwicklungs-Plan hat auch die Funktion, Ihre Mitarbeiter nicht einfach ins kalte Wasser zu werfen, sondern ihnen bei der Übernahme künftiger anspruchsvoller Aufgaben vorbereitend zur Seite zu stehen. Dies setzt voraus, dass Sie eine Zukunftsprojektion erstellen, welche Anforderungen und Tätigkeiten von jedem Einzelnen zu bewältigen sind.

Möglicherweise sind künftig neuartige Anforderungen in Ihrem Unternehmen zum gegenwärtigen Zeitpunkt allenfalls in groben Umrissen zu erkennen. Sie können nur dann einen realistischen Plan erstellen, wenn Sie in etwa wissen, was auf Sie und Ihre Mitarbeiter in den kommenden Monaten und Jahren zukommt. Was können Sie dennoch tun?

(1) Holen Sie im Rahmen Ihrer Möglichkeiten zunächst Informationen über absehbar veränderte Anforderungen und Aufgabenstellungen ein. Eine Grundlage hierfür sind neue strategische Überlegungen in Ihrem Hause, anstehende strukturelle Veränderungen, neue Kundenerwartungen, Produkte oder Technologien, veränderte Leistungsanforderungen an Ihre Organisationseinheit oder erweiterte Anforderungs- und Aufgabenprofile für einzelne Mitarbeiter.

(2) Selbst wenn keine wesentlichen Veränderungen zum gegenwärtigen Zeitpunkt zu erwarten sind und das Tätigkeitsspektrum von einzelnen Mitarbeitern voraussichtlich konstant bleibt, können Sie Ihre Aufmerksamkeit auf Ansätze zur Innovationsförderung und Qualitätssteigerung richten.

- Was lief in der Vergangenheit zwar gut, könnte künftig aber noch effektiver und wirtschaftlicher erledigt werden?

- Wie lässt sich durch bessere interne Kommunikation und wirkungsvollere Teamarbeit künftig noch mehr Produktivität erzielen?

- Was wünschen sich Ihre Kunden im Hinblick auf Kriterien wie Leistungsqualität, Service, Erreichbarkeit oder Geschwindigkeit? Welche Verbesserungen in einzelnen Produkten und Dienstleistungen werden erwartet?

(3) Klären Sie mit Ihren Mitarbeitern, welche persönlichen Vorstellungen zur weiteren Eigenentwicklung bestehen.

- Inwiefern gibt es Bedarf für zusätzliche fachliche Unterstützung am Arbeitsplatz?
- Welche Wünsche bestehen im Hinblick auf den mittel- und längerfristigen beruflichen Weg im Unternehmen?
- Welche Qualifizierungs- und Schulungsmaßnahmen sind für den Einzelnen erforderlich, um individuelle Kompetenzen weiter auszubauen?

(4) Erstellen Sie für jeden Mitarbeiter einen Plan, in dem festgehalten wird, welche Maßnahme bis wann mit welcher Zielsetzung eingeleitet wird.

- Skizzieren Sie zweckgerichtete Schritte zur fachlichen, persönlichen und sozialen Kompetenzentwicklung.
- Beschreiben Sie den erwarteten Nutzen und woran erkannt werden kann, dass Fortschritte erzielt werden.
- Legen Sie einen realistischen Zeithorizont fest, innerhalb dessen die jeweilige Maßnahme eingeleitet wird.
- Vereinbaren Sie miteinander, welche Verantwortung Ihr Mitarbeiter trägt und wie Ihr Unterstützungsbeitrag als Vorgesetzter aussieht.

Erstellen Sie beispielsweise eine tabellarische Übersicht, in der Sie wünschenswerte Aktivitäten gemeinsam mit Ihrem Mitarbeiter festhalten. Legen Sie jeweils fest, wer die Initiative ergreift und welche vorbereitenden Schritte erforderlich sind. Wahrscheinlich werden Sie Vorabstimmungen mit dem Personal- oder Bildungswesen Ihres Hauses zu treffen haben – etwa zur Auswahl von geeigneten bedarfsorientierten Maßnahmen mit einer angemessenen Qualität hinsichtlich der Programmgestaltung und den Schulungsbeauftragten. Hierzu kann auch eine Beratung, z. B. durch einen Personalentwickler oder Bildungsexperten Ihres Hauses, sinnvoll sein.

Manche Maßnahmen können Sie selbst in die Wege leiten: z. B. persönliche Unterstützungsangebote, die Einbeziehung von Mentoren oder die Veränderung von Aufgabenschwerpunkten und Entscheidungsbefugnissen. Andere Aktivitäten sind vorrangig an die Eigeninitiative des Mitarbeiters gebunden: z. B. Selbstlernen und gezielte fachliche Lektüre zur Weiterbildung, kollegialer Wissensaustausch und Netzwerkbildung im Team oder die berufsbegleitende Weiterbildung an einer Abendschule.

Darüber hinaus sind innerbetriebliche Qualifizierungsmöglichkeiten zur fachlichen Weiterentwicklung zu prüfen und bei Bedarf einzuleiten. Denken Sie auch an Weiterbildungsmaßnahmen zur Förderung der Methodenkompetenz: z. B. Schulungen zu einer verbesserten Arbeitsmethodik, zur Nutzung neuer IT-Technologien oder zur effizienten Steuerung von Projekten. Nicht zuletzt können ergänzende Trainingsmaßnahmen im Bereich der sozial-kommunikativen und persönlichen Kompetenz sinnvoll sein: etwa zur wirkungsvollen Projekt- und Teamarbeit, zur professionellen Kundenberatung oder zum zielgerichteten Selbstmanagement.

Ein Bestandteil eines individuellen Personalentwicklungs-Konzeptes kann auch darin bestehen, nächste berufliche Herausforderungen näher zu beschreiben: z. B. die Mitwirkung in einem betrieblichen Schlüssel-Projekt, die Tätigkeit an einem anderen Standort oder die Einarbeitung in ein benachbartes Aufgabengebiet. Erörtern Sie hierzu mit Ihrem Mitarbeiter die nötigen Schritte, damit er adäquat auf die neuartigen beruflichen Aufgaben vorbereitet wird.

9.2 Wie begleiten und überprüfen Sie die erfolgreiche Umsetzung der vereinbarten Maßnahmen?

Wenn Sie mir Ihren Teammitgliedern einzelne Aktivitäten zur Unterstützung, Qualifizierung und Förderung festgelegt haben, können Sie in Zwischengesprächen den Stand des Verlaufs gemeinsam mit jedem Einzelnen erörtern. Es bietet sich an, hierzu die unterjährigen Meilenstein-Gespräche zu den getroffenen Zielvereinbarungen und zur Begleitung der Aufgabenerledigung zu nutzen.

Führen Sie mindestens zirka ein bis drei Zwischengespräche pro Jahr. Nutzen Sie die jeweiligen Termine, um nicht nur fachlich-methodische Fragen mit Bezug zu den Tätigkeitsinhalten des Mitarbeiters zu erörtern. Besprechen Sie gleichermaßen, ob und inwieweit der Mitarbeiter einzelne Fördermaßnahmen umgesetzt hat. Klären Sie dabei, wie sich Unterstützungs- und Qualifizierungsangebote aus Sicht des Mitarbeiters und aus Ihrem eigenen Blickwinkel auswirken. Führen Sie einen Abgleich von Selbst- und Fremdeinschätzungen durch:

- Was läuft gut? Inwieweit erweisen sich flankierende Aktivitäten zur Mitarbeiterentwicklung als hilfreich? Prüfen Sie, welcher Nutzen tatsächlich gestiftet wird.

- Gibt es aussagefähige Indikatoren im Tagesgeschäft, die erkennen lassen, dass ein Transfer in die Praxis erzielt wird? Ein maßgebliches Kriterium für die Erfolgsbewertung ist die Klärung der Frage, ob sich beispielsweise eine Schulungsmaßnahme so auswirkt, dass der Betreffende das Gelernte in seinem Verantwortungsgebiet anwenden kann. Dies wird nicht bei allen Maßnahmen eindeutig nachzuweisen sein, sollte aber stets von Ihnen hinterfragt werden.

- Welche Unterstützungs- und Fördermaßnahmen erzielen nicht die gewünschte Wirkung? Inwiefern ist das vereinbarte Maßnahmenpaket kritisch zu beurteilen? Sind alternative oder ergänzende Angebote zweckmäßig? Behalten Sie sich vor, zusätzliche Maßnahmen einzuleiten, sofern Sie erkennen, dass die angestrebten Effekte nicht oder nicht im erforderlichen Ausmaß eintreten.

- Welche Rolle spielt das Engagement des Mitarbeiters und seine Bereitschaft, neu hinzugewonnene Einsichten, Erfahrungen oder Kenntnisse konsequent umzusetzen? Die Mitarbeitermotivation ist ein entscheidender Faktor für den Erfolg einzelner Maßnahmen zur Personalentwicklung. Gewinnen Sie den Mitarbeiter dafür, sein Know-how fortlaufend zu überprüfen. Ermuntern Sie ihn dazu, weiter hinzuzulernen und neue Erfahrungen zu sammeln, ohne ihn gleich zu kritisieren. Dies setzt Eigenreflexion, die Fähigkeit zur Selbstkritik und ein hohes Maß an innerer Veränderungsbereitschaft voraus. Wenn ein Mitarbeiter sich gegen einzelne Unterstützungs- und Fördermaßnahmen sperrt, ist die Erfolgswahrscheinlichkeit gering.

Führen Sie am Ende des Jahres bzw. des jeweiligen Zielvereinbarungs-Zyklus ein abschließendes Bewertungsgespräch durch. Nehmen Sie dabei eine Gesamtschau vor, in der Sie nicht nur einzelne Ziele, sondern das gesamte Spektrum der gezeigten Leistungen beleuchten. Richten Sie den Blick nicht ausschließlich auf die Vergangenheit, sondern zeigen Sie Lernchancen auf. Stellen Sie gesammelte Erkenntnisse heraus, die vorrangig für künftige Planungen zur Mitarbeiterentwicklung genutzt werden können. Suchen Sie gemeinsam mit dem Mitarbeiter nach stetigen Verbesserungsmöglichkeiten, zu denen gerade auch die weitere Kompetenzentwicklung des Mitarbeiters zählt:

(1) Wie ist der Gesamtnutzen der bisher vereinbarten Maßnahmen zur Personalentwicklung zu bewerten?

(2) Welche Erkenntnisse ergeben sich daraus für die künftige Förderplanung?

(3) Inwiefern führen neue Anforderungen im Arbeitsfeld zu speziellen Weiterbildungsbedarfen?

(4) Wie wirkt sich ihre persönliche Beratung und Begleitung als Teamleiter im Rahmen des Förder- und Qualifizierungskonzeptes aus? Gibt es Anregungen und Vorschläge seitens des Mitarbeiters, die an Sie und Ihren Führungsstil gerichtet sind? Haben Sie für sich selbst neue Erkenntnisse gewonnen, die Sie in Ihre eigene Führungspraxis einfließen lassen können?

Bewerten Sie die eingeleiteten Unterstützungs- und Fördermaßnahmen im Hinblick auf deren zielführenden Charakter. Überprüfen Sie gleichermaßen Ihr Führungsverhalten im Hinblick auf eine wirksame Prozessbegleitung bei der Umsetzung der Entwicklungsmaßnahmen. Denken Sie darüber nach, wie Sie einzelne Beratungs- oder Begleitungsangebote von Ihrer Seite künftig noch wirkungsvoller gestalten können. Thematisieren Sie Ihre eigene Rolle als Coach für Ihre Mitarbeiter: Nicht nur die berufliche Weiterqualifizierung Ihrer Mitarbeiter sollte Ihnen am Herzen liegen, sondern auch der Ausbau Ihrer eigenen Kompetenz als Personalentwickler in der Führungsrolle.

9.3 Warum ist Personalentwicklung nützlich, auch wenn Ihre Mitarbeiter später vielleicht andere Wege einschlagen?

Die Förderung und Qualifizierung Ihrer Mitarbeiter ist eine Investition, die sich meist erst mittel- oder langfristig auszahlt. Es ist jedoch nicht leicht, den Nutzen von Maßnahmen zur Personalentwicklung nachzuweisen. Gezeigte Leistung ist von vielen Faktoren abhängig, wobei neben den persönlichen, sozialen und fachlichen Kompetenzen motivationale Aspekte und organisatorische Rahmenbedingungen einen erheblichen Einfluss haben.

Es wäre deshalb zu kurz gegriffen, die Wirkung einer Fördermaßnahme auf Heller und Pfennig kalkulieren zu wollen. Dennoch kann ein gezieltes Controlling durch Spezialisten der Personalentwicklung zur Klärung der Frage beitragen, welche Maßnahmen einen Nutzen haben – und welche eher nicht. Denken Sie beispielsweise an die Praxisrelevanz, den Zielbezug, die Qualität oder die individualisierte Ausgestaltung von spezifischen Fördermaßnahmen.

Schätzen Sie als Führungskraft im Dialog mit Ihren Mitarbeitern ein, welche Aktivitäten jeweils erfolgversprechend erscheinen. Setzen Sie danach Ihre Prioritäten und konsultieren Sie bei Bedarf einen professionellen Personalentwickler. Meist sind die Budgets begrenzt und die Anforderungen aus dem Tagesgeschäft haben hohe Priorität, so dass nur eine beschränkte, wohl durchdachte Auswahl von begleitenden Fördermaßnahmen eingeleitet werden kann.

Erarbeiten Sie am besten gemeinsam mit Ihren Mitarbeitern eine To-Do-Liste zur Mitarbeiterentwicklung, die in einem überschaubaren Zeitrahmen abgearbeitet wird. Beziehen Sie Ihre Mitarbeiter in die Programmgestaltung ein und legen Sie Erfolgskriterien fest, anhand derer beide Seiten erkennen können, dass es vorangeht. Vermeiden Sie unspezifische Standardseminare ohne klaren Zielbezug. Bevorzugen Sie individualisierte Aktivitäten zur Personalentwicklung, die arbeitsplatznahes Lernen ermöglichen und einen engen

Bezug zu den Anforderungen im Arbeitsumfeld haben. Sofern möglich, beziehen Sie Kolleginnen und Kollegen als Mentoren und Netzwerkpartner im Lernprozess ein. Engagieren Sie sich dabei selbst als Berater, Lernhelfer, Initiator und „Architekt" für systematisch geplante Förderschritte.

Kontrovers wird häufig die Frage diskutiert, ob sich der Mitarbeiter bei einem individuell gestalteten und aufwändigen Förderprogramm auch dazu verpflichten muss, sich längerfristig an das Unternehmen zu binden. Dahinter steckt der Gedanke, dass Qualifizierung und Personalentwicklung eine Investition in die Kompetenzen und das Potenzial eines Mitarbeiter darstellt, die letztlich zurückgezahlt werden sollte. Aber was geschieht, wenn der Mitarbeiter sich neu orientiert und damit die geleistete Investition eher einem anderen Unternehmen zugute kommt? Werden nicht Ressourcen vergeudet, wenn Mitarbeiter zwar Fördermaßnahmen in Anspruch nehmen, aber später dem Unternehmen gar nicht mehr zur Verfügung stehen?

Ich bin der Auffassung, dass Investitionen in Personalentwicklung unabdingbar sind, um Mitarbeiter auf aktuelle und künftige Anforderungen bedarfsgerecht vorzubereiten. Daraus kann nicht der Anspruch erwachsen, dass in jedem Einzelfall eine Bindungsgarantie vom Mitarbeiter zu leisten ist. Im Gegenteil: Aufgrund der Wettbewerbsbedingungen am Markt ist es nur verständlich, wenn Mitarbeiter auch Entwicklungsoptionen außerhalb Ihres Unternehmens prüfen. Umgekehrt werden Mitarbeiter aus anderen Organisationen wiederum für Ihr Unternehmen interessant sein, z. B. bei erforderlichen Neueinstellungen oder der Besetzung von Vakanzen. Insofern herrscht ein Geben und Nehmen, das als natürlicher Austausch am Personalmarkt verstanden werden kann.

Nur aus der Sorge heraus, ein Mitarbeiter könnte später das Unternehmen verlassen, eine zweckmäßige Personalentwicklungsmaßnahme auszusparen, halte ich für problematisch. Es ist zugleich ein positives Signal an die Belegschaft – und an potenzielle Bewerber –, dass Ihr Unternehmen in die Förderung der Mitarbeiter gezielt investiert. Konzentrieren Sie sich deshalb in Ihren Überlegungen zur Personalentwicklung vorrangig auf die inhaltliche, bedarfsorientierte Maßnahmenplanung. Stellen Sie keine hypothetischen Rechenexempel auf, was sich bis wann auszahlt – etwa unter der Annahme, dass ein Mitarbeiter dem Unternehmen später nicht mehr zur Verfügung steht.

Begreifen Sie Investitionen in Personalentwicklung auch als Chance, um eine langfristige Mitarbeiterbindung herzustellen. Gehen Sie in die Offensive und orientieren Sie sich an den Notwendigkeiten im künftigen Arbeitsumfeld Ihrer Mitarbeiter. Versäumen Sie nicht, vorausschauend zu handeln und Ihre Mitarbeiter auf diejenigen Anforderungen vorzubereiten, die Sie heute bereits vorhersehen können. Engagieren Sie sich dafür, die Leistungsfähigkeit Ihrer Mitarbeiter aufrechtzuerhalten – gerade im Interesse Ihres Unternehmens, das Mitarbeiter benötigt, die den künftigen Herausforderungen gewachsen sind. Tragen Sie dazu bei, deren langfristige Beschäftigungsfähigkeit (long term employability) zu sichern. Nur durch eine weitsichtige Personalentwicklung und eine qualitative ausgerichtete Personalplanung tragen Sie dafür Sorge, dass Ihre Mitarbeiter darauf vorbereitet werden, auch morgen noch einen guten Job zu machen.

9.4 Mitarbeiterförderung im Überblick – Worauf ist zu achten?

Maßnahme	Nutzen	... was vermieden werden sollte
Jährliche Perspektiv- und Mitarbeitergespräche, Gesprächsabschnitt „Unterstützung, Qualifizierung und individuelle Entwicklung"	Erörterung von arbeitsplatznahen Unterstützungsangeboten, Weiterbildungsnotwendigkeiten und Fördermöglichkeiten (auch berufsbegleitende Weiterbildung außerhalb des Unternehmens)	Verzicht auf vertieftes Gespräch zur Zukunfts- und Perspektivplanung, fehlende Klärung von Förderbedarfen, unspezifische Seminare nach Gießkannen-Prinzip
Beratung zur Maßnahmenplanung durch internes Bildungswesen/ betriebliche Personalentwicklung	Qualitätskontrolle, bedarfsgerechte Methodenauswahl, optimaler Ressourcen-Einsatz	Keine Rücksprache mit Experten für Qualifizierung und Personalentwicklung

Maßnahme	Nutzen	... was vermieden werden sollte
Verbindliche Planung zur Personalentwicklung (PE) mit dem einzelnen Mitarbeiter (Zeithorizont ca. 2 – 3 Jahre)	Gemeinsame Festlegung von bedarfsgerechten Aktivitäten mit Zielbezug und Erfolgskriterien	Ad hoc-Festlegung von isolierten Einzelmaßnahmen, fehlende Einbeziehung des Mitarbeiters in die Maßnahmenerarbeitung
Unterjährige Steuerungs- und Meilensteingespräche	Verlaufscontrolling, Soll-Ist-Abgleich, kontinuierliche Einschätzung des Nutzens von eingeleiteten Maßnahmen	Keine Prozessbegleitung bei der Umsetzung der PE-Aktivitäten, Verzicht auf kontinuierliche Erfolgsbewertung
Verzahnung von Personalentwicklung und arbeitsplatznahem Lernen	Transfersicherung, Koppelung von Förder- und Qualifizierungsimpulsen mit Lernchancen im Arbeitsumfeld	Fehlender Bezug der Maßnahmen zu den Anforderungen im Arbeitskontext, unzureichende Anwendungsorientierung

10. Kapitel

Achten Sie auf Ihr inneres Gleichgewicht und kümmern Sie sich um Ihre eigene Weiterentwicklung

Als Teamleiter tragen Sie im Vergleich zu einem Mitarbeiter mit einer Fachfunktion eine erweiterte Verantwortung: Sie werden nicht mehr nur nach Ihren eigenen Leistungen beurteilt, sondern in hohem Maße auch im Hinblick auf die Qualität der Arbeitsergebnisse Ihrer Mitarbeiter. Ihre eigenen Ziele können Sie nur erreichen, wenn Sie gemeinsam mit Ihren Teammitgliedern an einem Strang ziehen – und Ihre Mitarbeiter sich wiederum dafür einsetzen, an der Erfüllung des Auftrags Ihrer Organisationseinheit konstruktiv mitzuwirken.

Diese wechselseitige Abhängigkeit erfordert von Ihnen eine übergreifende Perspektive, um sicherzustellen, dass Sie mit Ihrer Mannschaft auf Kurs bleiben. Damit werden zusätzliche Anforderungen an Sie herangetragen, die besondere Belastungen mit sich bringen:

- Wenn etwas nicht nach Plan läuft, müssen Sie sich als Chef darum kümmern, die Probleme abzustellen.

- Sofern Fehler in Ihrem Team gemacht werden, können Sie ebenfalls zur Rechenschaft gezogen werden.

- Wenn zwischen Ihren Mitarbeitern Spannungen auftreten, sind Sie gefordert, die interne Kommunikation näher zu beleuchten und durch aktives Konfliktmanagement auf nötige Klärungen hinzuwirken.

Um ehrgeizige Ziele gemeinsam mit Ihren Mitarbeitern zu erreichen, können Sie es sich nicht leisten, die Dinge einfach laufen zu lassen. Letztlich tragen vor allem Ihre Mitarbeiter durch ihre Einsatzbereitschaft und ihren fachlichen Beitrag dafür Sorge, dass produktive Arbeitsergebnisse erzielt werden. Eine souveräne Führungsleistung von Ihrer Seite ist hierfür eine wesentliche Voraussetzung. Selbst wenn Sie im operativen Tagesgeschäft nicht nur Führungsaufgaben ausüben, sondern eigene fachliche Zuständigkeiten besitzen, sollte Ihre Führungsverantwortung Vorrang haben.

Nur wenn Sie selbst innerlich ausgeglichen sind, über eine gefestigte Persönlichkeit verfügen und den vielfältigen Stressfaktoren in Ihrem Arbeitsumfeld als Führungskraft gewachsen sind, können Sie eine optimale Führungsleistung erbringen. Bedenken Sie die vielfältigen Gefahren, denen Sie als neuer Teamleiter ausgesetzt sind:

- Sie denken noch zu sehr aus der fachlichen Perspektive und vernachlässigen dabei Ihre Führungsrolle.

- Sie bearbeiten als Teamleiter selbst zu viele Fachaufgaben. Die Klärung von Zielen, das Führen persönlicher Mitarbeitergespräche, die Entwicklung des Teams oder die Auseinandersetzung mit der Förderung Ihrer Mitarbeiter kommen deshalb zu kurz.

- Sie nehmen sich insgesamt zu viel vor. Sie wollen weiterhin sowohl fachlich überzeugen als auch in der Führungsrolle effektiv arbeiten. Ihr tägliches Zeitbudget ist aber begrenzt. Sie riskieren, den Überblick zu verlieren und sich in inhaltliche Einzelfragen im Tagesgeschäft zu verstricken.

Achten Sie darauf, Ihr Selbstmanagement als Teamleiter im Griff zu behalten, damit Sie auch Ihre Mitarbeiter überzeugend führen können. Dies setzt voraus, dass Sie die Prioritäten in Ihrer neuen Rolle richtig setzen und sich von dem lösen, was Sie in der Vergangenheit erfolgreich gemacht hat. Der Übergang von der Fach- in die Führungsfunktion birgt vielfältige Fallstricke in sich, die Ihnen das Leben in Ihrer neuen Rolle schwer machen können. Wenn Sie Ihre eigenen Ressourcen und Leistungsmöglichkeiten falsch einschätzen und in turbulenten Phasen keine Grenzen für sich setzen, können Sie rasch in einen Strudel der Selbstüberforderung geraten: Sie wollen alles richtig machen, sich um jedes an Sie herangetragene Thema gewissenhaft kümmern und es jedem Recht machen. Doch dies ist in der Praxis nicht möglich!

Als Teamleiter können Sie nur Oberwasser behalten, wenn Sie sich in Ihrer Führungsaufgabe auf das Wesentliche konzentrieren und konsequent delegieren. Gerade dies fällt den meisten Anfängern in der Führungsrolle aber besonders schwer. In der beruflichen Ausbildung wird die Vermittlung von Führungs-Know-how zum konsequentem Delegieren eher stiefmütterlich behandelt. Darüber hinaus sind auch gestandene Führungspraktiker nicht immer überzeugende Vorbilder für gute Führung.

Wenn Sie neu in die Rolle des Teamleiters kommen, sind Sie deshalb oftmals auf sich selbst gestellt – und müssen trotzdem rasch die Weichen richtig stellen, um nicht unter die Räder zu kommen. Ihre eigene psychophysische Fitness und die Fähigkeit, sich wirksam gegenüber Risiken der Überforderung abzuschirmen, sind dafür eine wichtige Grundlage.

So schützen Sie sich vor den gesundheitlichen Gefahren von Stress und zu hoher Arbeitsbelastung:

Als Teamleiter werden Sie mit vielfältigen neuen Aufgabenstellungen konfrontiert, mit denen Sie aus Ihrer bisherigen beruflichen Erfahrung noch nicht hinreichend oder gar nicht vertraut sind.

Von Ihnen wird beispielsweise erwartet, dass Sie ein Team aufbauen und Ihre Mitarbeiter auf gemeinsame Ziele hin lenken. Sie müssen sich um die interne Kommunikation, das Konfliktmanagement und die Personalentwicklung kümmern. Das Führen von Mitarbeitergesprächen und die Mitarbeitermotivation gewinnen dabei einen hohen Stellenwert.

Darüber hinaus haben Sie weiterhin fachliche Aufgaben zu erledigen und zusätzliche Verpflichtungen wahrzunehmen. Dazu gehören z. B. externe Termine und Dienstreisen sowie die Teilnahme an Meetings unterschiedlicher Art.

Gleich zu Beginn werden von Ihren Vorgesetzten hohe Erwartungen an Sie gerichtet. Sie fragen sich: Wie soll ich das alles schaffen?

Als Neuling in der Führungsrolle sind Sie mit der Situation konfrontiert, dass noch nicht alles so locker von der Hand geht wie bei einem erfahrenen Führungspraktiker. Sie haben unterschiedlichste Themen auf dem Tisch und müssen ständig überlegen, was Vorrang hat. Wahrscheinlich stellen Sie fest, dass die Aufgaben der Mitarbeiterführung wesentlich mehr Zeit beanspruchen als Sie dies zuvor vermutet haben. In der Rolle des Teamleiters sind Sie darüber hinaus noch stark in das operative Tagesgeschäft einbezogen. Verschiedene fachliche Fragestellungen werden direkt an Sie herangetragen.

Insofern kann durchaus die Situation auftreten, dass Sie sich zu viel zumuten und die Fülle des Arbeitspensums nicht in dem Maße bewältigen wie Sie sich dies wünschen. Wenn Sie jedoch Ihre innere Belastbarkeit und Ihre Leistungsmöglichkeiten überstrapazieren, indem Sie sich zu viel Arbeit aufhalsen, geht Ihnen dies schnell an die Substanz. Falls Sie gar den Überblick verlieren und womöglich nur noch reagieren statt vorausschauend zu führen, werden Sie den an Sie gestellten Anforderungen nicht mehr gerecht. Als Führungskraft benötigen Sie ein hohes Maß an innerer Ausgeglichenheit, Souveränität und Weitsicht, um Ihren Mitarbeitern Orientierung zu vermitteln und um ihnen bei praktischen Problemen am Arbeitsplatz beratend zur Seite stehen.

Behalten Sie deshalb Ihre eigenen Grenzen der Belastbarkeit im Blick. Konzentrieren Sie sich auf die wesentlichen Aufgaben in der Führungsrolle als Teamleiter. Lassen Sie den Arbeitstag nicht ausufern, indem Sie sich um alles kümmern, was an Sie herangetragen wird. Gebieten Sie frühzeitig Einhalt, wenn Sie den Eindruck gewinnen, dass Ihnen die Dinge womöglich über den Kopf wachsen. Was können Sie dazu selbst beitragen?

Wirken Sie darauf hin, dass Ihr Vorgesetzter mit Ihnen gemeinsam die wesentlichen Ziele für Ihre Leitungsaufgabe herausarbeitet. Machen Sie sich bewusst, woran Ihre Leistung gemessen wird und konzentrieren Sie sich auf die entsprechenden Kernaufgaben. Setzen Sie klare Prioritäten in Ihrer neuen Rolle als Teamleiter.

Versuchen Sie nicht, die Führung Ihrer Mitarbeiter en passant zu erledigen. Planen Sie regelmäßige Mitarbeiter- und Teamgespräche.

Vereinbaren Sie mit Ihren Teammitgliedern baldmöglichst Ziele und Aufgabenschwerpunkte. Begleiten Sie die Zielverfolgung, geben Sie unterjährig Feedback und ermuntern Sie zu eigenverantwortlichem Handeln im Team.

Vermeiden Sie es unbedingt, in die individuelle Fachverantwortung Ihrer Mitarbeiter einzugreifen. Nehmen Sie Abstand davon, vorrangig als Spezialist mitreden zu wollen. Sie werden als Teamleiter nicht mehr alles fachlich und inhaltlich überschauen können. Nur wenn Sie wirksam delegieren, werden Sie den nötigen Freiraum für Ihre Führungsaufgabe gewinnen.

Setzen Sie darauf, dass Ihre Mitarbeiter Ihnen kompetent zuarbeiten. Zeigen Sie Vertrauen in die Leistungsfähigkeit und den Leistungswillen des Einzelnen. Verzichten Sie auf kleinliche Vorgaben, unnötige Einmischung in Fachaufgaben und überzogene Kontrollen.

Eröffnen Sie Gestaltungs- und Entscheidungsspielräume. Fördern Sie die Eigenentwicklung Ihrer Mitarbeiter, indem Sie ihnen die Chance einzuräumen, aus gesammelten Erfahrungen, und gelegentlichen Fehlern, zu lernen. Unterstützen Sie selbstgesteuerte Teamarbeit. Sie müssen nicht überall präsent sein und persönlich mitwirken – ganz im Gegenteil. Sorgen Sie dafür, dass die individuellen Fachaufgaben, die Entscheidungsbefugnisse und die Ergebnisverantwortung Ihrer Teammitglieder im Einklang stehen.

Achten Sie auf Ihre eigene psychophysische Fitness. Vermeiden Sie es, anhaltend Überstunden abzuleisten. Kümmern Sie sich um einen geregelten Arbeitstag und vernachlässigen Sie nicht Ihrer außerberuflichen Interessen und den Ausgleich zum Job. Reservieren Sie genügend Zeit für Ihre Familie, Ihre Freunde und Ihre Bekannten. Pflegen Sie Hobbys und nehmen Sie sich Zeit für Sport, Bewegung und Entspannung. Achten Sie auf eine gesunde Lebensführung, eine ausgewogene Ernährung und ausreichenden Schlaf.

Beschäftigen Sie sich mit inneren Signalen, die darauf hinweisen, dass Sie unter Druck stehen. Steuern Sie frühzeitig gegen, wenn Sie bei sich erste Anzeichen für Überlastung und berufsbedingten Stress wahrnehmen. Ihr Körper und Ihre Psyche reagieren schneller auf anhaltende Überforderung als Sie denken. Machen Sie sich nichts vor, wenn Sie an Ihre Grenzen stoßen. Sagen Sie auch einmal nein, bevor es zu spät ist. Es hilft Ihnen und Ihrer Firma nichts, wenn Sie nur noch wie ein Hamster im Rad umherlaufen. Anhaltende Überforderung kann zu psychosomatischen Erkrankungen oder gar zu einem Burnout führen, der Sie völlig handlungsunfähig werden lässt. Lassen Sie es soweit nicht kommen!

Nehmen Sie sich Auszeiten, falls Sie den Eindruck gewinnen, dass der Job Sie auffrisst. Versuchen Sie von Zeit zu Zeit, Abstand zum hektischen Tagesgeschäft zu gewinnen und neue Energien zu tanken. Wenn Sie beispielsweise ein paar Tage wegfahren und erst einmal abschalten, gewinnen Sie dabei wahrscheinlich unvermittelt neue Einsichten, um Ihre berufliche Situation wieder besser zu ordnen.

Halten Sie Rücksprache mit Ihrem Vorgesetzten, falls Sie den Eindruck gewinnen, dass Sie in Ihrer neuen Funktion als Teamleiter ständig „am Limit" arbeiten. Suchen Sie gemeinsam mit ihm nach Lösungsmöglichkeiten, um sich im Tagesgeschäft zu entlasten und Ihren Führungsaufgaben besser gerecht zu werden. Nutzen Sie Möglichkeiten zur Praxisberatung und kollegialen Supervision in der Führungsrolle. Bauen Sie Ihr Netzwerk aus, um sich mit Kollegen und Kolleginnen in ähnlichen Funktionen innerhalb und außerhalb Ihrer Firma auszutauschen. Nehmen Sie an geeigneten Weiterbildungen und Trainings zu Führungsfragen teil.

Konsultieren Sie einen Coach, der Sie in Ihrer neuen Rolle als Teamleiter in den ersten Monaten begleitet. Manchmal fällt es leichter, mit einem Außenstehenden die beruflichen Anforderung zu reflektieren und schwierige Situationen in der Führungsaufgabe näher zu analysieren. Interpretieren Sie es nicht als Zeichen der Schwäche, sich professionell beraten zu lassen. Schulen Sie Ihre innere Achtsamkeit und Ihre Fähigkeit zur selbstkritischen Eigenanalyse, um mehr Souveränität in Ihrer neuen beruflichen Aufgabe als Führungskraft zu gewinnen. Es ist noch kein versierter Teamleiter „einfach vom Himmel gefallen"…

10.1 Wie können Sie als Führungskraft weiter hinzulernen und persönlich an neuen Herausforderungen wachsen?

Die Weiterentwicklung Ihrer Führungskompetenz stellt andere Anforderungen an Sie als die fachliche Weiterbildung in einem Spezialgebiet. Zwar gibt es vorbereitende Schulungen und Seminare für Führungsnachwuchskräfte, aber Menschenführung können Sie nur bedingt in einem Seminar lernen. Damit will ich nicht sagen, dass Sie keine Führungsseminare besuchen sollen. Ganz im Gegenteil: Sie gewinnen neue Impulse und vielfältige Anregungen, wenn Sie von Zeit zu Zeit an einem professionellen Führungstraining, einem Fallseminar zu Führungsfragen oder einem kollegialen Erfahrungsaustausch im Kreis von Führungspraktikern teilnehmen.

Es kann für Sie auch von Vorteil sein, sich in der Anwendung von Führungsinstrumenten gezielt schulen lassen: z. B. wie Teambesprechungen effektiv geleitet werden, wie schwierige Mitarbeitergespräche zu führen sind, wie Mitarbeiterpotenziale erkannt werden oder wie Ziele effektiv vereinbart werden. Als Führungskraft benötigen Sie auch fachliches Rüstzeug, z. B. in Themen wie Managementstrategie, Arbeitsrecht, Controlling oder Personalmanagement. Das erforderliche Know-how hierfür können Sie sich beispielsweise nach und nach durch gezielte Qualifizierungsmaßnahmen aneignen.

Beachten Sie, dass das Führen von Mitarbeitern vor allem eine zwischenmenschliche Kompetenz ist, die sich nicht auf Management-Fachwissen, Führungstechniken oder Rhetorik reduzieren lässt. Sie werden nicht zu einer guten Führungskraft, wenn Sie (nur) viel Führungs-Fachwissen parat haben. Sie benötigen eine besondere praktische Gabe, Mitarbeiter für Ziele zu gewinnen, sie zu motivieren und ihnen auch in schwierigen beruflichen und persönlichen Situationen mit Rat und Tat zur Seite zu stehen. Dazu zählen auch spezielle soft-skills, wie Sie etwa als Teamleiter ein Team effektiv aufbauen, wie Sie Konflikte erkennen und entschärfen oder wie Sie gewissenhaft delegieren. Das Führen von schwierigen Personal- und Teamgesprächen verlangt von Ihnen viel Einfühlungsvermögen, Fingerspitzengefühl und kommunikatives Talent. Alles dies können Sie nur in begrenztem Ausmaß durch herkömmliche Schulungen erwerben.

Selbst die Nutzung von Fachforen im Internet oder die Lektüre von Management-Fachbüchern hilft Ihnen dabei nur bedingt weiter: Es ist zwar aufschlussreich, welche Empfehlungen von Beratern und Führungspraktikern in Fachbeiträgen zum Thema Führung gegeben werden. Aber bei genauer Betrachtung kommt es darauf an, dass Sie dazu in der Lage sind, verantwortungsvolle Führung fair und zielführend in unterschiedlichen Situationen zu praktizieren. Was können Sie trotzdem tun, um Ihre Führungskompetenzen weiterzuentwickeln und an persönlicher Reife in komplexen Leitungssituation zu gewinnen?

Bemühen Sie sich um eine solide Basisausbildung in Management-Methodik. Hierzu kann ein Seminarprogramm bei einer etablierten Managementakademie ein guter Einstieg sein. Nutzen Sie ausgewählte Seminare zu Führungsfragen als Grundlage, um praxisbezogenes Hintergrundwissen als Orientierungsrahmen und Rüstzeug für sich zu erwerben. Frischen Sie Ihre Kenntnisse von Zeit zu Zeit wieder auf, um auf dem aktuellen Stand zu bleiben. Versprechen Sie sich aber nicht zu viel von einzelnen Schulungsbausteinen: Sie können allenfalls Anregungen, Hinweise und Lernimpulse erwarten, nicht jedoch eine Komplettausbildung zum gestandenen Führungspraktiker.

Erarbeiten Sie mit Ihrem Vorgesetzten einen eigenen Vorbereitungs- und Einarbeitungsplan für die Übernahme Ihrer Führungsaufgabe. Selbst wenn Sie schon seit einigen Monaten im Führungsjob sind, können Sie hierzu noch initiativ werden, um dort anzusetzen, wo Sie fachlich und persönlich weiter vorankommen wollen. Zu einem solchen Plan gehören nicht nur Seminare, sondern auch vertrauliche Gespräche mit erfahrenen Führungskräften, die Teilnahme an internen Managementkreisen oder die Mitwirkung an Konferenzen, Meetings und Arbeitskreisen mit Praktikern aus anderen Organisationen.

Wahrscheinlich kann Ihr Vorgesetzter Sie in Ihrer Tätigkeit als Teamleiter begleiten und coachen – etwa durch Beratungen, Fallbesprechungen und Meilensteingespräche, bei denen er Erfahrungen aus seiner eigenen Führungspraxis an Sie weitergibt.

Lassen Sie sich direktes Feedback von Ihren Mitarbeitern geben. Fragen Sie in persönlichen Gesprächen, wie Sie als Teamleiter wahrgenommen werden. Bitten Sie um vertrauliche Hinweise, was Sie noch besser machen können. Verstehen Sie Ihre Mitarbeiter als Kunden, für die Sie eine Dienstleistung als Teamleiter erbringen. Fühlen sich Ihre Mitarbeiter von Ihnen gut geführt? Stellen Sie sich Rückmeldungen, die Sie darauf hinweisen, wie Sie von außen wahrgenommen werden. Achten Sie aber darauf, Ihre Mitarbeiter nicht unter Druck zu setzen: Feedback unmittelbar an den eigenen Chef zu geben setzt Vertrauen voraus und ist für manche Mitarbeiter eher ungewohnt. Machen Sie deutlich, dass Sie die Meinung Ihrer Teammitglieder zu Ihrem Führungsstil gerne hören, um sich selbst weiterzuentwickeln und Ihr Team noch wirkungsvoller zu führen.

Bauen Sie Netzwerke auch außerhalb Ihrer Firma auf, um sich von Führungspraktikern und Experten aus anderen Unternehmen Impulse zu holen. Scheuen Sie nicht davor zurück, erfahrene Vorgesetzte Ihres Vertrauens anzusprechen, um sich Anregungen zu holen. Außenstehende können beispielsweise eine schwierige Führungssituation aus einem neutralen Blickwinkel unter anderen Vorzeichen bewerten: Die Betreffenden haben keine Eisen im Feuer, so dass es eher gelingt, eine nüchterne Einschätzung abzugeben, was Ihnen wiederum neue Einsichten vermittelt.

Schildern Sie in informellen Gesprächen unter Wahrung der Anonymität und Ihrer Verpflichtung zur Vertraulichkeit, mit welchen Führungssituationen Sie als Teamleiter konfrontiert sind oder wozu Sie sich gerne eine Rückmeldung oder einen weiterführenden Hinweise wünschen. Sie können im Anschluss selbst entscheiden, was Sie aufgreifen und umsetzen wollen. Oftmals ist es effektiver, eine schwierige Konstellation gezielt mit Dritten zu erörtern als unbedingt selbst eine Lösung im stillen Kämmerlein entwickeln zu wollen.

Nutzen Sie Ihre Fähigkeit zur Selbstreflexion und Selbstkritik. Gehen Sie in sich und lassen Sie erlebte Führungssituationen vor Ihrem geistigen Auge Revue passieren. Was fällt Ihnen dabei auf? Was lief gut, was weniger gut? Was möchten Sie das nächste Mal besser machen? Üben Sie Manöverkritik mit sich selbst. Das heißt nicht, dass Sie ständig über Ihre Arbeit nachdenken sollen und womöglich nicht mehr abschalten. Gemeint ist vielmehr, dass Sie sich die Zeit nehmen, ausgewählte Führungssituation für einen beschränkten Zeitraum aus verschiedenen Perspektiven zu durchleuchten.

Hierzu können z. B. schon fünfzehn Minuten bei einem Abendspaziergang ausreichen. Nehmen Sie einen übergeordneten Standpunkt ein: Simulieren Sie gedanklich plausible Verhaltensalternativen und bewerten Sie deren Nutzen. Sie können solche Gedankenspiele zur gezielten Vor- und Nachbereitung sensibler Führungssituationen einsetzen. Stellen Sie sich vor, Sie sind Ihr eigener Berater. Coachen Sie sich selbst.

Nutzen Sie Möglichkeiten zum Erfahrungslernen in Ihrer Führungspraxis. Nehmen Sie neue Herausforderungen bewusst an. Konzentrieren Sie sich sorgfältig auf Ihre Führungsaufgaben. Bereiten Sie sich gedanklich auf schwierige Situationen vor. Versuchen Sie, schrittweise durch die Auswertung von Feedback an Souveränität zu gewinnen.

Vermeiden Sie es, perfektionistische Ansprüche an sich selbst zu stellen. Gestehen Sie es sich zu, auch Fehler zu machen. Daraus können Sie lernen und sich vornehmen, es künftig noch etwas besser zu machen. Setzen Sie sich Ziele nicht nur im operativen Bereich, sondern gerade auch mit klarem Bezug zu Ihrer Verantwortung in der Mitarbeiterführung. Reservieren Sie genügend Zeit für den aktiven Mitarbeiterdialog, die systematische Teamentwicklung und die Förderung von Potenzialträgern und Nachwuchskräften. Fordern Sie nicht nur Leistung, sondern unterstützen Sie bewusst Ihre eigenen Mitarbeiter aus Ihrer Führungsrolle als Coach und Mentor heraus.

Achten Sie konsequent auf Ihr inneres Gleichgewicht. Schonen Sie Ihre psychopysischen Ressourcen. Gehen Sie achtsam mit sich um. Überschreiten Sie nicht Ihre persönlichen Grenzen. Setzen Sie klare Prioritäten und organisieren Sie Ihre Arbeit als Teamleiter bewusst und vorausschauend. Sagen Sie auch begründet nein, wenn es erforderlich ist. Reagieren Sie auf erste Stresssignale, die Ihnen anzeigen, dass Sie womöglich bereits am Limit arbeiten. Es dankt Ihnen niemand, wenn Sie alles für Ihre Firma geben wollen, sich dabei aber nur selbst ausbeuten und sich anhaltend überfordern. Ihre Effektivität als Führungskraft fällt dramatisch ab, wenn Sie Ihre Leistungsgrenzen unbedacht ignorieren und sich nicht genügend um Ihre innere Stabilität kümmern. Letztlich werden Ihre Mitarbeiter es rasch bemerken, wenn Sie sich zu viel zumuten. Darunter leidet Ihre Souveränität, Ihr Urteilsvermögen und Ihre innere Kraft, um Ihre Mitarbeiter zu motivieren und zu fördern. Wie wollen Sie Ihr Team überzeugend führen, wenn Sie selbst neben sich stehen und den Überblick als Führungskraft zu verlieren drohen?

Betrachten Sie Ihre Aufgabe als Teamleiter chancenorientiert: Wie können Sie Ihre eigenen Stärken und Potenziale so entfalten, dass Sie als Führungskraft einen guten Job machen und an den gestellten Anforderungen wachsen? Schaffen Sie hierfür die Voraussetzungen, indem Sie konsequent an sich selbst arbeiten und sich auch in der Führungsverantwortung kontinuierlich weiter qualifizieren. Richten Sie ein besonderes Augenmerk auf Ihre innere Balance und Ihre physischen und mentalen Leistungsressourcen.

Gehen Sie in der Leitungsverantwortung Ihren eigenen Weg, indem Sie Ihren persönlichen Führungsstil entwickeln. Führen Sie nicht nach „Schema F". Beweisen Sie Flexibilität, indem Sie je nach Umfeldbedingungen und Mitarbeitervoraussetzungen geeignete Führungsinstrumente auswählen. Setzen Sie vor allem auf Vertrauen, Dialog und einen fairen Umgang miteinander. Streben Sie an, sowohl die gesteckten Ziele für Ihre Organisationseinheit als auch die Erwartungen und Bedürfnisse Ihrer Mitarbeiter so gut wie möglich in Einklang zu bringen. Verbiegen Sie sich dabei jedoch nicht. Bleiben Sie vor allem Sie selbst. Schaffen Sie günstige Rahmenbedingungen dafür, dass Ihre Mitarbeiter eigenverantwortlich arbeiten können und mit Spaß und Engagement bei der Sache sind. Sie werden nur dann anhaltend erfolgreich sein, wenn sich Ihre Mitarbeiter von Ihnen gut geführt fühlen.

10.2 Ihre persönliche Weiterentwicklung als souveräner und glaubhafter Teamleiter – Worauf ist zu achten?

Maßnahme	Nutzen	… was vermieden werden sollte
Persönlicher Einarbeitungs- und Entwicklungsplan, begleitend zur Übernahme der Leitungsaufgabe	Wirkungsvolle Unterstützung bei der Ausübung Ihrer neuen Rolle als Teamleiter, Qualifizierungs- und Fördermaßnahmen, die auf Sie persönlich abgestimmt sind	Ad hoc-Übernahme der Teamleiterfunktion ohne begleitendes Maßnahmenpaket zur Vorbereitung und Eigenqualifizierung
Passgenauer Zuschnitt der persönlichen Ziele und Aufgabenschwerpunkte auf Ihre Leistungsmöglichkeiten als Teamleiter	Wohldurchdachte Abstimmung von Zielvereinbarungen, Entscheidungskompetenzen und Zuständigkeiten mit Ihrem eigenen Vorgesetzten	Mismatch zwischen Ihrer Führungsverantwortung und Ihren persönlichen Voraussetzungen, Überforderung durch zu hoch gesteckte Ziele oder überhöhte Erwartungen
Wirksames Selbstmanagement und professionelle Arbeitsorganisation als Teamleiter	Setzen von Prioritäten, Konzentration auf das Wesentliche, Schaffen von günstigen Rahmenbedingungen für eigenverantwortliches Handeln Ihrer Mitarbeiter	Vernachlässigung von Führungsaufgaben, halbherzige Delegation, fehlende Zielorientierung und Planung, mangelhafter Mitarbeiterdialog, unzureichende Vertrauensbildung und Kommunikation im Team
Konsequente Eigenanalyse und Selbstreflexion	Hinterfragen der eigenen Verantwortung und Rolle als Teamleiter, kontinuierliches Überdenken der Führungsmethodik und der eingesetzten Führungsinstrumente, Auseinandersetzung mit dem eigenen Werteverständnis als Teamleiter	Fehlende Feedbackorientierung, geringe Bereitschaft zur Selbstkritik, keine bewusste Überprüfung des eigenen Führungsstils, mangelnde Sensibilität für die eigene Wirkung auf Außenstehende (kein Selbst-/Fremdbildabgleich)
Bewusste Auseinandersetzung mit den in der Führungspraxis jeweils neu gestellten Anforderungen	Den Übergang von der Fach- zur Führungsverantwortung schrittweise meistern, innerlich an einzelnen Führungsaufgaben wachsen, eigene Stärken und Potenziale entfalten, Erfolgserlebnisse durch wirkungsvolle Teamführung erzielen	Keine oder unzureichende Ausübung der Führungsrolle, Profilierung als „oberster Sachbearbeiter", Laissez-faire-Führungsstil, fehlende Effizienz in der Führungsrolle

Literaturverzeichnis

Achouri, C.: Wenn Sie wollen, nennen Sie es Führung. Systemisches Management im 21. Jahrhundert. Gabal, Offenbach, 2011.

Albs, N.: Wie man Mitarbeiter motiviert. Cornelsen, Hamburg, 2005.

Becker, M.: Personalentwicklung, Schäffer-Poeschel, Stuttgart, 2005 (4. Auflage).

Bill, G.: Sieben Prinzipien gelassener Führung. Wiley VCH, Weinheim, 2010.

Brandt, J. & Oehmke, K.: Führen auf Augenhöhe. Kollegen und Teams motivieren und leiten. Cornelsen, Hamburg, 2010.

Büdenbender, U., Strutz, H.: Kompakt-Lexikon Personal. Gabler, Wiesbaden, 2005.

Christiani, A. & Scheelen, F.M.: Stärken stärken. Talente entdecken, entwickeln und einsetzen. Redline Wirtschaft, München, 2008.

Conen, H.: Sei gut zu dir. Vom besseren Umgang mit sich selbst. Campus, Frankfurt/M., 2007.

Douma, E.: Mitarbeiterführung: Crashkurs. Cornelsen, Hamburg, 2010.

Eberspächer, H.: Ressource Ich – Stressmanagement in Beruf und Alltag. Hanser, München, 2009.

Edmüller, A. & Jiranek, H.: Konfliktmanagement, Haufe Lexware, Freiburg, 2010.

Fehlau, E.G.: Konflikte im Beruf: Erkennen, lösen, vorbeugen. Haufe, Freiburg, 2006.

Fischer, P.: Neu auf dem Chefsessel. Erfolgreich durch die ersten 100 Tage. Redline Wirtschaft, München, 2005.

Fisher, R., Küstenmacher, W.T, Seiwert, L., Kunz, G. u. a.: Campus, Das große Karrierehandbuch. Campus, Frankfurt/M. 2008.

Glaubitz, U.: Der Job, der zu mir passt. Campus, Frankfurt/M., 2009.

Gremmers, U.: Neu als Führungskraft. So werden Sie ein guter Vorgesetzter. Humboldt, Hannover, 2010 (2. Auflage).

Gross, St.: Die Kunst der Leichtigkeit. Die 15 wichtigsten Lebenskunst-Strategien für mehr Erfolg und Lebensqualität. Redline Wirtschaft, München, 2008.

Groth, A.: Führungsstark in alle Richtungen: 360-Grad-Leadership für das mittlere Management. Campus, Frankfurt/M., 2010.

Gulder, A.: Finde den Job, der dich glücklich macht. Campus, Frankfurt/M., 2007.

Hering, R.: Leadership statt Management. Führung durch Motivation. Haupt, Bern, 2010.

Herndl, K.: Führen im Vertrieb. So unterstützen Sie Ihre Mitarbeiter direkt und konsequent. Gabler, Wiesbaden, 2005.

Hesse, J. & Schrader, H.C.: Selbstbewusstsein. Berufsstrategie: Woher es kommt – wie man es stärkt und erfolgreich einsetzt. Eichborn, Frankfurt/M., 2005.

Hesse, J., Schrader, H. Ch.: Das große Hesse/Schrader Bewerbungshandbuch. Eichborn, Frankfurt/M., 2007.

Heuberger, A.: Networking – Durch interessante Kontakte zum Erfolg. Cornelsen, Hamburg, 2007.

Hockling, S. & Findeisen, J.: Burnout. Das professionelle 1x1. Cornelsen, München, 2008.

Hofbauer, H. & Kauer, A.: Einstieg in die Führungsrolle. Praxisbuch für die ersten 100 Tage. Hanser, 2011 (3. Auflage).

Hofmann, L.M., Linneweh, K. & Streich, R.K.: Erfolgsfaktor Persönlichkeit. C.H. Beck im dtv, München, 2005.

Katzengruber, W.: Einfach erfolgreich. Die ROADMAP-Strategie – das 7 Schritte Erfolgsprogramm. Gräfe & Unzer, München, 2008.

Kettl-Römer, B.: Wege zum Kunden. Linde, Wien, 2008.

Klein, H. M. & Kolb, Ch.: Angstfrei im Job – Überwindung typischer Ängste im Berufsalltag. Cornelsen, München, 2008.

Klein, S.: Rein in die Führung. Top-Manager erläutern ihre Erfolgsstrategien. Gabal, Offenbach, 2010.

Knoblauch, J., Hüger, J., Mockler, M.: Dem Leben Richtung geben. Campus, Frankfurt/M., 2007.

Kratz, H.-J.: Chef-Checkliste Mitarbeiterführung. Die 99 wichtigsten Regeln. Walhalla, Regensburg, 2006.

Kunz, G.: Fachkarriere oder Führungsposition. So stellen Sie die Weichen richtig. Campus, Frankfurt/M., 2005.

Kunz, G.: Mitarbeitergespräche – Wie Führungskräfte den konstruktiven Dialog gestalten. Luchterhand/Wolters-Kluwer Deutschland, München, 2009.

Kunz, G.: Vom Mitarbeiter zur Führungskraft – Die erste Führungsaufgabe erfolgreich übernehmen. C.H. Beck im dtv, München, 2007.

Kunz, G. Coachen Sie sich selbst. Neue berufliche Herausforderungen meistern. C.H. Beck im dtv, München, 2008.

Kunz, G.: Neue Perspektiven im Job. Eigenanalyse und persönliche Weiterentwicklung. C.H. Beck im dtv, München, 2010.

Lippmann, E.D. (Hrsg.): Coaching. Angewandte Psychologie für die Beratungspraxis. Springer, Heidelberg, 2006.

Lutz, A.: Praxisbuch Networking. Linde, Wien, 2009.

Mai, J.: Die Karriere-Bibel. dtv premium, München 2008 (2. Auflage).

Malik, F.: Führen – Leisten – Leben. Wirksames Management für eine neue Zeit. DVA, Stuttgart, 2000.

Malischewski, T. & Thiel, F.: Beziehungsmanagement. Relating, die Kunst, gute Beziehungen aufzubauen. Gabal, Offenbach, 2005.

Manktelow, J.: Stress managen. Gabal, Offenbach, 2009.

Meier, J.: Erfolgreiche Führungsgespräche – Gesprächstechniken für Führungskräfte. Gabal, Offenbach, 2004.

Mentzel, W.: Personalentwicklung – Erfolgreich motivieren, fördern und weiterbilden. C.H. Beck im dtv, München, 2004.

Niermeyer, R. & Seyffert, M.: Motivation. Haufe, Freiburg, 2006 (3. Auflage).

Schmidt, R.: Selbstmanagement: Crashkurs. Cornelsen, Hamburg, 2010.

Schröder, J. P. & Blank, R.: Stressmanagement. Stress-Situationen erkennen – erfolgreiche Maßnahmen einleiten. Cornelsen, Hamburg, 2004.

Schulz, R.: Toolbox zur Konfliktlösung. Eichborn, Frankfurt/M., 2007.

Schwuchow, K. & Gutmann, J.: Jahrbuch Personalentwicklung 2006 – Ausbildung, Weiterbildung, Management Development. Luchterhand, München, 2005.

Seiwert, L. J.: Noch mehr Zeit für das Wesentliche. Ariston, Genf, 2006.

Seiwert, L. J.: Wenn du es eilig hast, gehe langsam. Mehr Zeit in einer beschleunigten Welt. Campus, Frankfurt/M., 2005.

Smith, A.: Ziele erreichen. Wie Sie Ihr Leben verändern. Gabal, Offenbach, 2009.

Spachtholz, B.: Stress und Angst überwinden. Strategien, Methoden, Übungen für mehr Gelassenheit. Walhalla, Regensburg, 2005.

Sprenger, R. K.: Das Prinzip Selbstverantwortung. Campus, Frankfurt/M., 2007 (12. Auflage).

Ullmann, E. & Kresse, A.: Humor im Business: Das professionelle 1x1 – Gewinnen mit Witz und Esprit. Cornelsen, Hamburg, 2008.

Unger, H.-P. & Kleinschmidt, C.: Bevor der Job krankmacht. Wie uns die heutige Arbeitswelt in die seelische Erschöpfung treibt – und was man dagegen tun kann. Kösel, München, 2006.

Von Münchhausen, M.: So zähmen Sie Ihren inneren Schweinehund. Vom ärgsten Feind zum besten Freund. Campus, Frankfurt, 2005.

Walter, H. & Cornelsen, C.: Handbuch Führung. Der Werkzeugkasten für Vorgesetzte. Campus, Frankfurt/M., 2005.

Wehrle, M.: Das Lexikon der Karriere-Irrtümer. Econ, Berlin 2009.

Witt-Bartsch, A. & Becker, T.: Coaching im Unternehmen. Haufe Lexware, Freiburg, 2010.

Sachverzeichnis

Buchanzeigen

Beruf und Soziales
Bescheid wissen ist wichtig

Der Start in den Beruf

Hugo-Becker
Der Test zur Berufswahl
Meine Motive, Vorlieben und
Stärken.
Beck im dtv
1. Aufl. 2005. 250 S.
€ 9,50. dtv 50884

Der Test zeigt, wo Stärken,
Schwächen und Vorlieben
liegen und hilft so Fehler bei
der Berufswahl zu vermeiden.

Nasemann
Richtig bewerben
Stellensuche, Bewerbungsunter-
lagen, Vorstellungsgespräch,
Einstellungstests, Assessment
Center. Ein Ratgeber.
Rechtsberater
6. Aufl. 2007. 164 S.
€ 8,–. dtv 50608

Dieser Ratgeber enthält
zahlreiche praktische Hinweise
zur Stellensuche, behandelt
Form, Inhalt und Umfang der
Bewerbung und beantwortet
alle wichtigen Rechtsfragen
zu Vorstellungsgespräch und
Einstellungstest. Mit zahlreichen Musterformulierungen
und Tipps von erfahrenen
Personalchefs.

Frey
Die erfolgreiche Bewerbung
Wie Sie ganz individuell zu
Ihrem Traumziel kommen.
Wirtschaftsberater
1. Aufl. 2010. 165 S.
€ 9,90. dtv 50927
Auch als **ebook** erhältlich.

Dieser Ratgeber begleitet Sie
durch alle Phasen der Bewerbung, von der Analyse Ihrer
beruflichen Situation bis zum
Vorstellungsverfahren.

Klütsch
**Bewerben für
Hochschulabsolventen**
Die individuelle Bewerbung als
Ihr Schlüssel zum Erfolg.
Wirtschaftsberater
1. Aufl. 2011. 116 S.
€ 11,90. dtv 50926
Auch als **ebook** erhältlich.

Hell
Das Vorstellungsgespräch
Die besten Strategien, die schlag-
kräftigsten Argumente: So überzeugen Sie Ihren neuen Arbeitgeber.
Wirtschaftsberater
1. Aufl. 2010. 332 S.
€ 12,90. dtv 50920
Auch als **ebook** erhältlich.

Checklisten, Übungen, Tests
und Praxisbeispiele.

Hell
Assessment Center
Souverän agieren –
gekonnt überzeugen.
Wirtschaftsberater `Toptitel`
2. Aufl. 2011. 199 S.
€ 9,90. dtv 50892
Auch als ebook erhältlich.
Der Band beantwortet alle Fragen rund um ein Assessment Center: Erwartungen, Abläufe, mögliche und »inoffizielle« Übungen, Beurteilung. Mit praktischen Tipps und Übungsbeispielen.

Beruf und Karriere

Kunz
Coachen Sie sich selbst!
Neue berufliche Herausforderungen meistern.
Wirtschaftsberater
1. Aufl. 2008. 316 S.
€ 12,90. dtv 50921
Tipps und praktische Hilfen zum Aufbau eines Selbstcoaching-Programms.

Hofmann/Linneweh/Streich
Erfolgsfaktor Persönlichkeit
Managementerfolg durch Leistungsfähigkeit und Motivation.
Wirtschaftsberater
1. Aufl. 2006. 387 S.
€ 14,50. dtv 50904

Kneiß
Kreativitätstechniken
Methoden und Übungen.
Beck im dtv
1. Aufl. 2006. 268 S.
€ 9,50. dtv 50906
Kreativität ist der Schlüssel zum Erfolg. Neben einem Überblick über Methoden und Einsatz gibt es in einem umfangreichen Praxisteil Beispiele und Übungen.

Kunz
Neue Perspektiven im Job
Eigenanalyse und persönliche Weiterentwicklung.
Wirtschaftsberater
1. Aufl. 2010. 213 S.
€ 12,90. dtv 50928
Auch als ebook erhältlich.
Nutzen Sie dieses Buch, um sich mit Ihren beruflichen Zielen, Ihrer derzeitigen Rolle im Job und möglichen Ansatzpunkten für Ihre künftige Weiterentwicklung vertieft auseinanderzusetzen.

Cassens
Work-Life-Balance
Wie Sie Berufs- und Privatleben in Einklang bringen.
Wirtschaftsberater
1. Aufl. 2003. 214 S.
€ 9,50. dtv 50872

Bender
Teamentwicklung
Der effektive Weg zum »Wir«.
Wirtschaftsberater
2. Aufl. 2009. 286 S.
€ 13,90. dtv 50858
Systematische Führung durch die Phasen der Teamentwicklung mit Anleitung für effiziente Teamleitung.

Haug
Erfolgreich im Team
Praxisnahe Anregungen für effizientes Teamcoaching und Projektarbeit.
Wirtschaftsberater
4. Aufl. 2009. 203 S.
€ 9,90. dtv 5842
Mit Diagnose von Erfolgsfaktoren und konkreten Hilfestellungen.

Hugo-Becker/Becker
**Psychologisches
Konfliktmanagement**
Menschenkenntnis · Konflikt-
fähigkeit · Kooperation.
Wirtschaftsberater
4. Aufl. 2004. 418 S.
€ 13,–. dtv 5829

Femppel/Zander
Praxis der Personalführung
Was Sie tun und lassen sollten.
Wirtschaftsberater
2. Aufl. 2008. 162 S.
€ 10,–. dtv 50841
Das Was und Wie der Personal-
führung, 99 Tipps, Fallbeispiele,
Führungsgrundsätze.

Drzyzga
**Personalgespräche
richtig führen**
Ein Kommunikationsleitfaden.
Wirtschaftsberater
2. Aufl. 2011. 164 S.
€ 12,90. dtv 50840
Gibt Führungs- und Nach-
wuchsführungskräften wichtige
Hinweise für zielgerichtete und
erfolgreiche Kommunikation
mit Mitarbeitern.

Weisbach/Sonne-Neubacher
**Professionelle
Gesprächsführung**
Ein praxisnahes Lese- und
Übungsbuch.
Wirtschaftsberater   `Toptitel`
7. Aufl. 2008. 451 S.
€ 12,90. dtv 5845
Wie das Gespräch als Mittel
der Führung zweckmäßig, ziel-
orientiert und rationell genutzt
werden kann.

Weisbach/Sonne-Neubacher
**Leadership in
Professional Conversation**
Translation of »Professionelle
Gesprächsführung«
Wirtschaftsberater
1. Aufl. 2005. 420 S.
€ 14,–. dtv 50879

Weisbach
**Wie Sie andere für sich
gewinnen**
Die Kunst der Gesprächs-
führung.
Wirtschaftsberater
1. Aufl. 2007. 164 S.
€ 9,50. dtv 50916
Wie man die Beziehung zum
Gesprächspartner so gestaltet,
dass beide gewinnen.

Bühring-Uhle/Eidenmüller/Nelle
Verhandlungsmanagement
Analyse · Werkzeuge · Strategien.
Beck im dtv
1. Aufl. 2009. 232 S.
€ 18,90. dtv 50640
Agieren Sie zielgerichtet und
erfolgreich.

Stender-Monhemius
Schlüsselqualifikationen
Zielplanung, Zeitmanagement,
Kommunikation, Kreativität.
Beck im dtv
1. Aufl. 2006. 163 S.
€ 9,50. dtv 50910

Mentzel
Personalentwicklung
Erfolgreich motivieren,
fördern und weiterbilden.
Wirtschaftsberater
3. Aufl. 2008. 318 S.
€ 12,90. dtv 50854
Bedarfsfeststellung, Planung
und Durchführung der Förder-
und Bildungsmaßnahmen,
Kosten- und Erfolgskontrolle.

Diekmann/Fang
China Knigge
Business und Interkulturelle
Kommunikation.
Wirtschaftsberater
1. Aufl. 2008. 201 S.
€ 14,–. dtv 50915
Ein Überblick über die Band-
breite chinesischer Verhaltens-
traditionen im Alltags- und
Geschäftsleben.

Mentzel
Rhetorik
Wirkungsvoll sprechen –
überzeugend auftreten.
Wirtschaftsberater
2. Aufl. 2009. 238 S.
€ 9,90. dtv 50845
Bausteinsystem für die Vorbereitung und Durchführung
eines Vortrags. Mit zahlreichen
Übungen.

Weisbach
Gekonnt kontern
Wie Sie verbale Angriffe souve-
rän entschärfen.
Wirtschaftsberater
1. Aufl. 2004. 197 S.
€ 9,–. dtv 50885
Gekonnt kontern ist weniger
eine Frage der Spontaneität als
vielmehr der Ausdruck guter
Vorbereitung. Die wichtigsten
Tipps finden Sie hier.

Nückles/Gurlitt/Pabst/Renkl
Mind Maps und Concept Maps
Visualisieren · Organisieren ·
Kommunizieren.
Wirtschaftsberater
1. Aufl. 2004. 162 S.
€ 9,50. dtv 50877
Mit Lern- und Arbeitstechniken
das individuelle und koopera-
tive Wissensmanagement auf
einfache wie effektive Weise
unterstützen.

Haberzettl/Birkhahn
Moderation und Training
Ein praxisorientiertes Handbuch.
Wirtschaftsberater
2. Aufl. 2012. 324 S.
€ 17,90. dtv 50866
Das Buch zeigt eine Auswahl
hocheffektiver Methoden des
NLP und anderer Verfahren so,
dass sie unmittelbar anwendbar
und sofort umsetzbar sind.

Klotzki
So halte ich eine gute Rede
In 7 Schritten zum Publikums-
erfolg.
Wirtschaftsberater   Neu
2. Aufl. 2012. Rd. 140 S.
Ca. € 9,90. dtv 50873
In Vorbereitung für Juni 2012

Mentzel
Kommunikation
Rede, Präsentation, Gespräch,
Verhandlung, Moderation.
Beck im dtv
1. Aufl. 2007. 301 S.
€ 10,–. dtv 50869

Grundlagen der Kommunikation: Mit anderen sprechen – Gespräch, Verhandlung, Moderation, Smalltalk. Vor anderen sprechen – Sachvortrag, Präsentation, Gelegenheitsrede. Visualisierung – Der Körper spricht immer mit.

Baumert
Professionell texten
Grundlagen, Tipps und Techniken.
Wirtschaftsberater **Toptitel**
3. Aufl. 2011. 256 S.
€ 12,90. dtv 50868

Wie schreibt man so, dass der Leser versteht und der Text sein Ziel erreicht? Viele Regeln und Empfehlungen, die Profis in der Ausbildung lernen, konzentriert dieses Buch auf das Wichtigste.

Barth
Telefonieren mit Erfolg
Die Kunst des richtigen Telefonmarketing.
Wirtschaftsberater
2. Aufl. 2005. 137 S.
€ 7,50. dtv 50846

Bewährte Methoden und Tricks werden ebenso vorgestellt wie kluge Fragetechniken.

Schäfer
Business English
Wirtschaftswörterbuch Englisch–Deutsch/Deutsch–Englisch.
Wirtschaftsberater
1. Aufl. 2006. 859 S.
€ 19,50. dtv 50893

Mit rund 36000 Stichwörtern alle wichtigen grundlegenden Begriffe der englischen und deutschen Wirtschaftssprache.

Kunz
Vom Mitarbeiter zur Führungskraft
Die erste Führungsaufgabe erfolgreich übernehmen.
Wirtschaftsberater
1. Aufl. 2007. 330 S.
€ 12,50. dtv 50913

Hinweise, Tipps und praktische Hilfen zeigen, wie man sich auf die neue Rolle als Teamleiter vorbereiten kann – im Zeitraum von der Entscheidung bis zur ersten Ausübung der neuen Führungsaufgabe und den »ersten 100 Tagen« im neuen Job.

Kunz
Neu in der Führungsrolle
So behaupten Sie sich und setzen gezielt Akzente.
Wirtschaftsberater **Neu**
1. Aufl. 2012. 179 S.
€ 12,90. dtv 50930
Neu im Mai 2012

Ein Ratgeber für junge Führungskräfte, die ihre ersten Erfahrungen in einer Leitungsfunktion sammeln.

Arbeitsrecht

ArbG · Arbeitsgesetze
Textausgabe **Toptitel**
80. Aufl. 2012. 932 S. **Neu**
€ 8,90. dtv 5006
Neu im April 2012

Mit den wichtigsten Bestimmungen zum Arbeitsverhältnis, KündigungsR, ArbeitsschutzR, BerufsbildungsR, SozialversicherungsR, TarifR, BetriebsverfassungsR, GleichbehandlungsR und VerfahrensR.

EU-Arbeitsrecht
Textausgabe
4. Aufl. 2011. 600 S.
€ 15,90. dtv 5751

Richtlinien und Verordnungen der Europäischen Union dominieren in zunehmendem Maße das nationale Arbeitsrecht. Dieser Band enthält alle einschlägigen Vorschriften mit Querverweisen auf die Textausgabe »ArbG«, dtv 5006.

Schaub/Koch
Arbeitsrecht von A–Z
Rund 650 Stichwörter zum aktuellen Recht.
Rechtsberater
18. Aufl. 2009. 866 S.
€ 19,90. dtv 5041

Allgemeines Gleichbehandlungsgesetz, Aussperrung, Befristung von Arbeitsverträgen, Betriebsrat, Elternzeit, Gewerkschaften, Jugendarbeitsschutz, Kündigung, Mitbestimmung, Pflegezeit, Ruhegeld, Streik, Tarifvertrag, Teilzeitarbeit, Zeugnis u.a.m.

Hromadka
Arbeitsrecht für Vorgesetzte
Rechte und Pflichten bei der Mitarbeiterführung.
Rechtsberater **Toptitel**
3. Aufl. 2012. Rd. 450 S. **Neu**
Ca. € 18,90. dtv 50648
In Vorbereitung für Juni 2012

Der umfassende Leitfaden für den Arbeitsalltag.

Notter/Obenaus/Ruf
Arbeitsrecht in Frage und Antwort
Bewertung, Vertrag, Krankheit, Entgeltfortzahlung, Urlaub, Kündigungsschutz, Abfindung, Zeugnis.
Rechtsberater
2. Aufl. 2009. 355 S.
€ 9,90. dtv 50629

Fragen und Antworten rund um das Arbeitsverhältnis.

Gragert
Arbeitsrechtliche Gleichbehandlung
Das Antidiskriminierungsrecht im Arbeitsalltag.
Rechtsberater
1. Aufl. 2007. 155 S.
€ 9,–. dtv 50655

SGB III · Arbeitsförderung

Textausgabe
15. Aufl. 2012. 501 S. **Neu**
€ 17,90. dtv 5597
Neu im Mai 2012

Mit SGB II Grundsicherung für Arbeitsuchende, Baubetriebe-Verordnung, Winterbeschäftigungs-Verordnung, Altersteilzeitgesetz, Arbeitnehmerüberlassungsgesetz, ALG II-VO und weiteren wichtigen Vorschriften.

Schaub/Kreft
Der Betriebsrat
Wahlen · Organisation · Rechte · Pflichten.
Rechtsberater
8. Aufl. 2006. 636 S.
€ 18,–. dtv 5202

Wahl und Organisation des Betriebsrats, Mitbestimmung in sozialen und personellen Angelegenheiten, Beteiligung des Betriebsrats in wirtschaftlichen Angelegenheiten, Verfahren nach dem BetrVG, neueste höchstrichterliche Rechtsprechung.

Schaub
Rechte und Pflichten als Arbeitnehmer
Wegweiser durch Gesetze, Verträge und Veinbarungen.
Rechtsberater
9. Aufl. 2007. 617 S.
€ 16,–. dtv 5229

Anbahnung und Abschluss des Arbeitsvertrages sowie seine Beendigung, Rechte und Pflichten, der Einfluss des Betriebsrats, Betriebsnachfolge, Sonderrechte.

Lenßen
Ihr Recht: Arbeit und Kündigung
Beck im dtv
1. Aufl. 2009. 159 S.
€ 6,90. dtv 50454

Die kompakte und verständliche Einführung ins Arbeitsrecht – damit Sie Ihre Rechte kennen.

Schulz
Kündigungsschutz im Arbeitsrecht von A–Z
Von Abfindung bis Zeugnis.
Rechtsberater
4. Aufl. 2012. Rd. 300 S. **Neu**
Ca. € 17,90. dtv 5070
In Vorbereitung für Juni 2012

Alle wesentlichen Fragen zum Thema »Kündigung und Kündigungsschutz« finden Sie hier beantwortet.

Böhme
Mein Recht bei Kündigung
Wie Arbeitnehmer richtig reagieren und eigene Interessen schützen.
Rechtsberater
1. Aufl. 2008. 163 S.
€ 9,50. dtv 50668

Mit konkreten Beispielen und systematischer Behandlung möglicher Kündigungsgründe.

Wetter
Mein gutes Recht im Job
Diskriminierung, Mobbing,
Urlaub, Mutterschutz, Elternzeit,
Betriebsänderung, Kündigung.
Rechtsberater
3. Aufl. 2009. 155 S.
€ 9,90. dtv 50606
Ihre Rechte bei Abmahnung
und Kündigung, Mobbing und
vielen weiteren Problemen am
Arbeitsplatz.

Wetter
Der richtige Arbeitsvertrag
Rechtsfragen bei Vertragsab-
schluss und späteren Änderungen.
Rechtsberater
4. Aufl. 2008. 115 S.
€ 7,50. dtv 50607
Mit Vertragsmustern und
weiteren Tipps im Anhang.

Schulz
Alles über Arbeitszeugnisse
Form und Inhalt · Zeugnis-
sprache. Mit Beispielen und
Zeugnismustern.
Rechtsberater
8. Aufl. 2009. 185 S.
€ 11,90. dtv 5280
Arbeitszeugnisse beeinflussen
maßgeblich die Entscheidung
über Erfolg oder Misserfolg einer Bewerbung. Der Ratgeber
behandelt nicht nur Rechtsfragen, sondern gibt auch Einblick in die »Geheimsprachen«
und die Möglichkeiten zu ihrer
Entschlüsselung.

Frey/Wörl
Arbeitszeugnisse
»Vollstens zufrieden?« – Was Sie
wissen müssen und verstehen
sollten.
Wirtschaftsberater
1. Aufl. 2009. 149 S.
€ 9,90. dtv 50918
Inhalte und Formulierungen,
»Geheimcodes«, Tücken,
Rechtsgrundlagen.

Hansen/Kanstinger
Zeitarbeit von A–Z
Fachbegriffe · Zusammenhänge ·
Checklisten.
Wirtschaftsberater
1. Aufl. 2001. 152 S.
€ 8,50. dtv 50850

Böhme
Ratgeber Zeitarbeit
Was Arbeitnehmer wissen
sollten.
Rechtsberater
1. Aufl. 2009. 163 S.
€ 9,90. dtv 50678
Informationen zu allen wichtigen Fragen des Arbeitsrechts:
Vertragsbeziehungen, Vertrags-
gestaltungen, Kündigung und
Kündigungsschutz, Arbeits-
schutz und Arbeitnehmer-
erfindungen, Teilzeitarbeit und
geringfügige Beschäftigung,
Gehalt, Urlaub und Krankheit.

Plander
Ratgeber Studentenjobs
Arbeitsrecht · Sozialversicherung ·
Steuern.
Rechtsberater
1. Aufl. 2007. 256 S.
€ 12,50. dtv 50667
Praxisnah sind z.B. Verdienst-
grenzen, Lohnfortzahlung oder
Urlaubsansprüche erläutert.

Für angehende Führungskräfte.

Von Gunnar C. Kunz.
2007. XVIII, 312 Seiten.
Kartoniert € 12,50
(dtv-Band 50913)

Hinweise, Tipps und praktische Hilfe,

um den Übergang von einer Fachfunktion zu einer Leitungsaufgabe erfolgreich zu meistern. Der Autor beschreibt, wie man sich auf die neue Rolle als Teamleiter vorbereiten kann – im Zeitraum von der Entscheidung bis zur ersten Ausübung der neuen Führungsaufgabe und den „ersten 100 Tagen" im neuen Job. Er macht vor allem Mut und hilft, die teils verborgenen Klippen in der Managementpraxis möglichst gut zu umschiffen. Denn eine Führungsaufgabe soll Spaß machen und Gestaltungsspielraum bieten.

- Was eine Führungsaufgabe bedeutet
- Ein Team führen: Anforderungen und worauf es ankommt
- Was Ihre Vorgesetzten erwarten
- Wie Sie sich auf anspruchsvolle Erwartungen und Wünsche einstellen
- Wie Sie wirkungsvoll „an sich selbst arbeiten"
- Selbst- und Stressmanagement
- Wie Sie den Überblick behalten

Beck-Wirtschaftsberater im dtv

Erfolgreicher im Job.

Von Gunnar C. Kunz.
2010. XV, 198 Seiten.
Kartoniert € **12,90**
(dtv-Band 50928)

Von allen Seiten beleuchtet

Mit diesem Werk klären Sie wichtige Fragen für Ihre berufliche Weiterentwicklung und bekommen Ansatzpunkte, wie Sie konkret die Weichen neu stellen:

- Was zeichnet Sie aus und in welchen Bereichen möchten Sie noch an sich arbeiten?
- Wie sind Ihre Wirkung, Ihr Auftreten, Ihre Arbeitsmethodik und Ihr Verhaltensstil in der Kommunikation?
- Wie können Sie wirkungsvoller handeln, um erfolgreicher zu werden?
- Welche Möglichkeiten haben Sie, um mehr eigene Zufriedenheit zu erreichen?

Klare Vorteile

Durch anschauliche Beispiele und Checklisten können Sie sich selbst coachen und Ihre Potenziale erfolgreicher einsetzen.

Über den Autor:

Gunnar C. Kunz, Diplompsychologe, ist selbständiger Managementberater und Coach in Ginsheim-Gustavsburg. Er hat bereits zahlreiche Bücher zum Thema Karriere- und Führungskräfteentwicklung verfasst.

Beck-Wirtschaftsberater im dtv